しくみ図解

化学製品が一番わかる

◆多彩な化学製品の全体像を基礎からしっかり理解できる◆

田島慶三 著

技術評論社

はじめに

　化学製品は多種多彩です。化学物質名そのものが商品名に使われている工業薬品から、使われている化学物質名よりも商品ブランドの方がはるかに重要な化粧品、洗剤・トイレタリー製品まで様々な商品があります。また日本での年間生産量が数百万トンになる基礎化学品やプラスチックから、数トン、数キログラムにすぎない医薬品や香料のような商品まであります。

　大学で化学を専門に学んでこなかった方にとって、化学製品名、特に化学物質名は、わけのわからないカタカナが並ぶだけであり、ましてや化学反応式などが出てくると拒絶反応が出ると思います。しかし、化学構造式は、ポイントをつかみさえすれば、ある化学物質がなぜ特定の性質を持ち、商品性能を発揮できるのかが理解できるようになります。化学構造式を使わずに、それを言葉や数式だけで説明しようとすることは大変に困難です。化学構造式は、化学製品を扱う場合に基礎となる言葉と言えましょう。

　本書は、化学を専門に学んでこなかったけれども、仕事上、化学製品のことを理解し、慣れなければならない立場にいる方のために書きました。文系出身の方で、化学会社や商社で化学製品を営業活動などで扱っている方、化学製品の名前に触れる機会の多い方を対象に、化学製品という商品体系の全体像を理解していただくために書いた入門書です。ほとんど化学反応式は使わず、化学構造式は理解を深め、慣れていただくための参考程度に書きましたので、いちいち覚えなくて結構です。

　本書によって、化学製品という森に入った皆さんが、森の中でいたずらに迷うことなく本道をたどり、森の中に豊富に実っている果実やキノコを採って行かれることを期待しています。

2011年12月　田島 慶三

化学製品が一番わかる
——多彩な化学製品の全体像を基礎からしっかり理解できる——

目次

はじめに…………3

第1章 化学製品がわかるための基礎知識…………9

1 身のまわりの化学製品…………10
2 複雑に入り組んだ関係…………12
3 化学の基礎知識…………14
4 有機化学の基礎知識…………16
5 化学製品の名前…………20
6 化学原料…………22

第2章 基礎化学品…………27

1 エチレン、プロピレン…………28
2 ブチレン、ブタジエン…………30
3 ベンゼン、トルエン、キシレン（BTX）…………32
4 メタノール、一酸化炭素…………34
5 バイオ資源の基礎化学品…………36
6 硫酸…………38
7 苛性ソーダ、塩素…………40
8 アンモニア…………42
9 産業用ガス…………44

CONTENTS

 10 無機薬品、無機顔料‥‥‥‥‥46

第3章 有機化学品‥‥‥‥‥49

 1 有機薬品‥‥‥‥‥50
 2 有機溶剤‥‥‥‥‥52
 3 モノマー‥‥‥‥‥54
 4 界面活性剤‥‥‥‥‥58
 5 樹脂添加剤‥‥‥‥‥62
 6 可塑剤‥‥‥‥‥66
 7 ゴム薬品‥‥‥‥‥68

第4章 高分子化学品‥‥‥‥‥71

 1 プラスチック、ゴム‥‥‥‥‥72
 2 ポリエチレン‥‥‥‥‥76
 3 ポリプロピレン‥‥‥‥‥78
 4 ポリスチレン‥‥‥‥‥80
 5 ポリ塩化ビニル‥‥‥‥‥82
 6 PET樹脂‥‥‥‥‥84
 7 ポリウレタン‥‥‥‥‥86
 8 エポキシ樹脂‥‥‥‥‥88
 9 アクリル樹脂‥‥‥‥‥90
 10 エンジニアリングプラスチック‥‥‥‥‥92
 11 フッ素樹脂とケイ素樹脂‥‥‥‥‥94

12 天然ゴム、合成ゴム……………96
13 セルロース、タンパク質……………100

第5章 高分子成形加工製品……………103

1 成形加工法……………104
2 フィルム……………108
3 シート、パイプ……………110
4 合成繊維……………112
5 射出成形品……………114
6 ボトル……………116
7 発泡品、ペースト品……………118
8 圧縮成形、ゴムの型加硫……………120
9 FRP、積層成形品……………122
10 タイヤ……………124

第6章 医薬品、医療用化学品……………127

1 医薬品……………128
2 合成医薬品……………132
3 化学療法剤と抗生物質……………134
4 発症メカニズムからの創薬……………136
5 バイオ医薬品……………138
6 人工臓器……………140

CONTENTS

第7章 様々な最終化学品……………143

1 農薬…………144
2 化学肥料…………146
3 香料…………148
4 化粧品…………150
5 洗剤、トイレタリー用品…………152
6 食品添加物…………154
7 塗料…………156
8 接着剤…………158
9 染料、有機顔料…………160
10 印刷用化学品…………162
11 写真感光材料…………164
12 爆薬…………166
13 触媒…………168
14 水処理薬品…………170
15 紙薬品…………172
16 コンクリート用薬品…………174
17 電子情報材料…………176

用語索引…………180

CONTENTS

◆ コラム｜目次

ノーベル賞日本人受賞者の業績……………26
アセチレンの化学製品体系……………48
有機化学品？　無機化学品？……………70
機能性高分子……………102
化学製品と安全性………126
まだある最終化学品……………142

第1章

化学製品がわかる
ための基礎知識

化学製品は、非常に簡単な化学構造の物質を
基本ブロックとして、複雑な化学構造の物質や
巨大な化学構造の物質が組み立てられてできています。
その組み立てブロックのつくり方を
基礎知識として学んでください。

1-1 身のまわりの化学製品

●化学製品に囲まれた生活

　身のまわりをみれば、化学製品があふれています。化粧品も、医薬品も、洗剤も、プリンターのインキもすべて化学製品です。衣食住に使われている化学製品としては、合成繊維、合成染料、プラスチック製の食品包装容器、食品添加物、床タイルや雨どい、壁紙、ペンキなどがすぐに目につきます。パソコンやテレビ、携帯電話機の液晶ディスプレーには、液晶はもちろん、カラーフィルタ、偏光フィルムその他多くの光学フィルムが使われています。外側の箱部分（筐体とか、ハウジング、ケースと様々に呼ばれます）も、もちろんプラスチックです。中をのぞいてみれば、プラスチック製の電気配線基板の上に半導体や様々な電子部品が見えます。自動車も、タイヤや車体の塗装はもちろん、バンパーも、社内の運転席周りのパネルも、クッションもすべて化学製品です（図1-1-1）。

●化学製品と規制

　身のまわりの市販の化学製品を使う場合にはあまり関係ありませんが、化学製品には、毒性が強かったり、燃えやすかったりと、取り扱いに注意が必要なものがたくさんあります。このために、医薬品・化粧品・食品添加物・農薬・化学肥料のように特定の用途で使うことを目的として製造・販売を行う場合には規制を受ける化学製品があります。また、危険物（消防法）や高圧ガス（高圧ガス保安法）のように、用途には関係なく、化学物質の性状と取扱量によって規制される化学製品もたくさんあります。

　化学製品の製造や販売、あるいは大量に取り扱うような仕事をする場合には、事前に取り扱う化学製品に関係する規制をよく知っておくことが重要です。製造、販売に許可が必要であったり、一定の資格を持っていないと扱えなかったりすることはよくあります（表1-1-1）。

図 1-1-1　身のまわりの化学製品

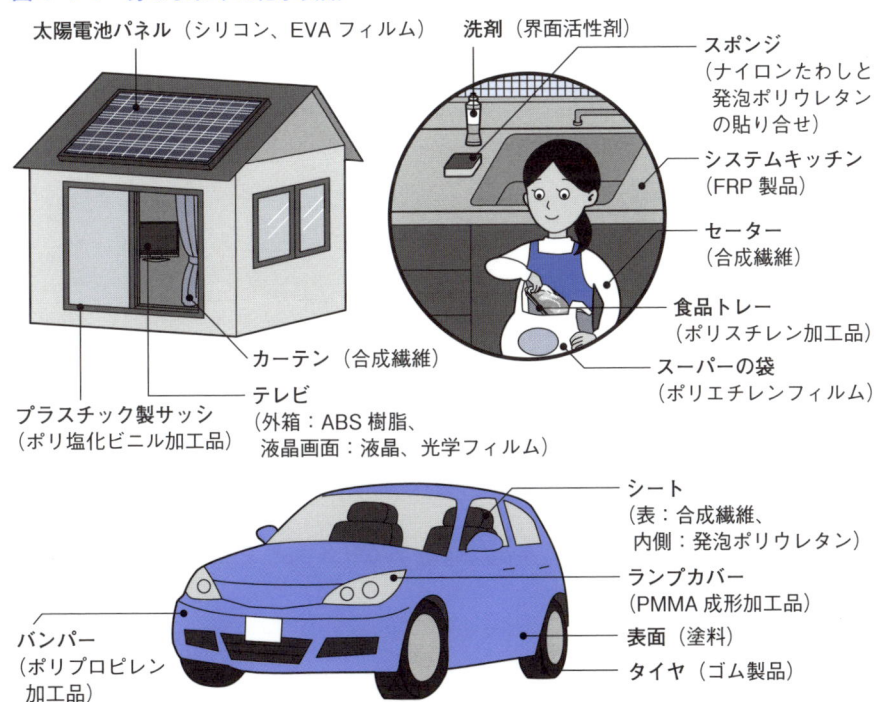

- 太陽電池パネル（シリコン、EVA フィルム）
- 洗剤（界面活性剤）
- スポンジ（ナイロンたわしと発泡ポリウレタンの貼り合せ）
- システムキッチン（FRP 製品）
- セーター（合成繊維）
- 食品トレー（ポリスチレン加工品）
- スーパーの袋（ポリエチレンフィルム）
- カーテン（合成繊維）
- テレビ（外箱：ABS 樹脂、液晶画面：液晶、光学フィルム）
- プラスチック製サッシ（ポリ塩化ビニル加工品）
- シート（表：合成繊維、内側：発泡ポリウレタン）
- ランプカバー（PMMA 成形加工品）
- 表面（塗料）
- タイヤ（ゴム製品）
- バンパー（ポリプロピレン加工品）

表 1-1-1　化学製品に関係する主要な法律

化学製品の種類	関係する法律	目的
医薬品、医薬部外品、化粧品	薬事法	品質、有効性、安全性の確保
農薬	農薬取締法	品質、有効性、安全性の確保
食品添加物、食品包装容器	食品衛生法	安全性の確保
すべての化学物質	化学物質審査規制法	化学物質環境汚染の防止
引火性物質など	消防法	火災爆発の防止
高圧ガス	高圧ガス保安法	火災爆発の防止
有害物質	労働安全衛生法	労働災害の防止
有害大気汚染物質、揮発性有機化合物	大気汚染防止法	大気汚染の防止
毒物、劇物	毒物劇物取締法	事故犯罪の防止
プラスチック製容器、洗剤、ワックス	家庭用品品質表示法	消費者保護
プラスチック製容器	容器包装リサイクル法	表示によるリサイクル推進

1-2 複雑に入り組んだ関係

●化学製品はわかりにくい

　文系出身者はもちろん、理系出身者でも物理・機械系の方は、化学製品がわかりにくいといいます。目で見て区別できるものが少ないし、名前もわかりにくいという苦情をよく聞きます。

　確かに化学製品は種類がやたらと多い上に、用途も様々です。アメリカ化学会のCAS登録番号が付いた化合物（合成したり、自然界から分離・精製したりして、構造決定したもの）は3000万種もあり、工業生産されている化学製品は約10万種、年間1000トン以上生産される化学製品だけでも約5000種はあるといいます。こんなに多数ある化学製品を覚えることは、まったく不可能です。

●複雑に入り組んだ関係

　化学製品をわかりにくくしている大きな理由は、化学製品同士が反応し、さらに別の化学製品が生まれるという非常に入り組んだ関係を持っているためです。化学製品を生産している現代の化学産業は、その内部に何段階もの反応工程や混合、成形加工過程があり、単純な構造の化学製品から、複雑な構造の化学製品をつくり上げていきます。

　まず、石油、油脂、糖類、食塩、硫黄、鉱物、空気、水などを原料に、単純な構造をもった基礎化学品が大量につくられます。石油化学工業、酸・アルカリ工業、油脂工業、産業用ガス工業と呼ばれる化学産業分野です。

　次に基礎化学品同士を反応させて、非常に多種類の有機化学品や高分子化学品がつくられます。有機化学工業やプラスチック・合成ゴム工業です。この段階での化学製品は、燃えやすいガス・液体やプラスチックの粒、合成ゴムの塊です（図1-2-1、図1-2-2）。

　プラスチック・合成ゴムは、成形加工業で、フィルム、容器、タイヤ、パイプなどに成形されて、初めて私たちが目にするプラスチック製品やゴム製

品になります。

　一方、基礎化学品や有機化学品、高分子化学品を原料に、反応や混合によって、化粧品、医薬品、洗剤、塗料、印刷インキ、接着剤、火薬、化学肥料、農薬、電子情報材料など、一般消費者や他の産業が使う化学製品に生まれ変わります。これらは、化学産業のなかで、もっとも出口に近い製品なので最終化学品と呼ばれます。

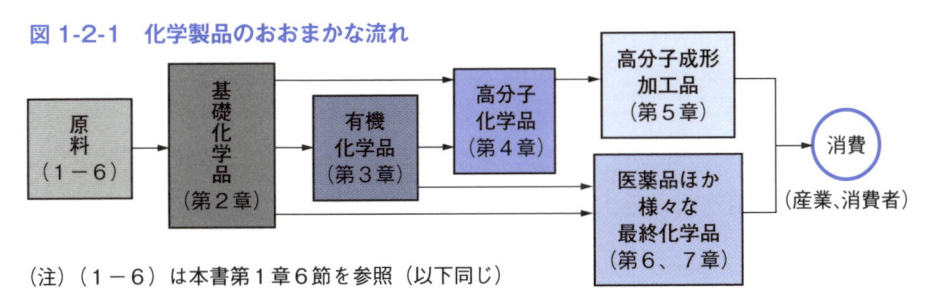

図1-2-1　化学製品のおおまかな流れ

原料（1−6）→ 基礎化学品（第2章）→ 有機化学品（第3章）→ 高分子化学品（第4章）→ 高分子成形加工品（第5章）→ 消費（産業、消費者）

基礎化学品（第2章）→ 医薬品ほか様々な最終化学品（第6、7章）→ 消費

（注）（1−6）は本書第1章6節を参照（以下同じ）

図1-2-2　身のまわりの化学製品をさかのぼってみる

（1）スーパーで使う食品トレー

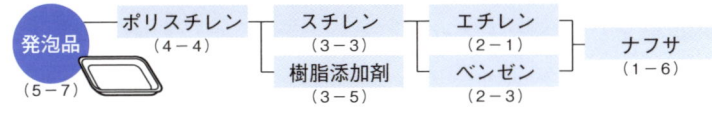

発泡品（5−7）— ポリスチレン（4−4）— スチレン（3−3）— エチレン（2−1）— ナフサ（1−6）
　　　　　　　　　　　　　　　　　　　　　　— ベンゼン（2−3）
　　　　　　　　　　　　　　— 樹脂添加剤（3−5）

（2）台所用洗剤

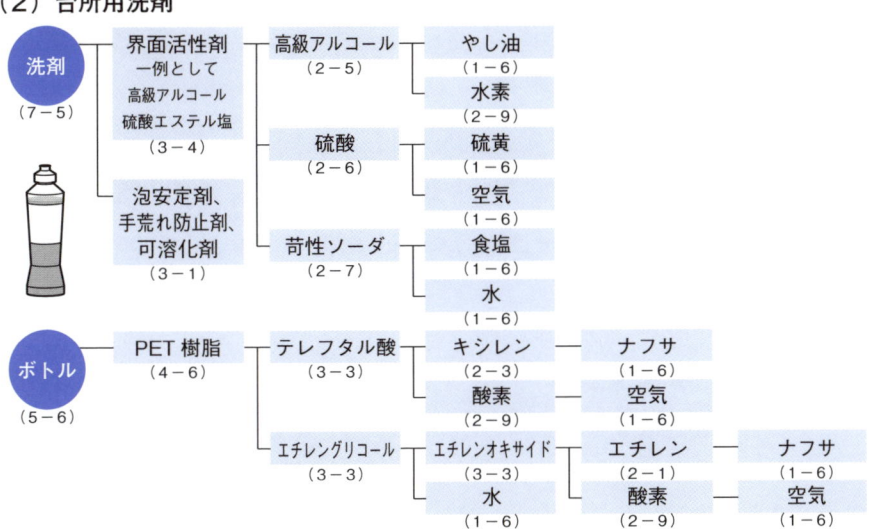

洗剤（7−5）— 界面活性剤　一例として　高級アルコール硫酸エステル塩（3−4）— 高級アルコール（2−5）— やし油（1−6）
　　　　　　　　　　　　　　　　　　　　　　　　　　　　　　　　　　　— 水素（2−9）
　　　　　　　　　　　　　　　　　　　　　　— 硫酸（2−6）— 硫黄（1−6）
　　　　　　　　　　　　　　　　　　　　　　　　　　　　— 空気（1−6）
　　　　— 泡安定剤、手荒れ防止剤、可溶化剤（3−1）— 苛性ソーダ（2−7）— 食塩（1−6）
　　　　　　　　　　　　　　　　　　　　　　　　　　　　　　　　　　— 水（1−6）

ボトル（5−6）— PET樹脂（4−6）— テレフタル酸（3−3）— キシレン（2−3）— ナフサ（1−6）
　　　　　　　　　　　　　　　　　　　　　　　　　　— 酸素（2−9）— 空気（1−6）
　　　　　　　　　　　　　　— エチレングリコール（3−3）— エチレンオキサイド（3−3）— エチレン（2−1）— ナフサ（1−6）
　　　— 酸素（2−9）— 空気（1−6）
　　　　　　　　　　　　　　　　　　　　　　　　　　　　　— 水（1−6）

1-3 化学の基礎知識

●化学構造式は音譜！

化学製品を理解する第一歩は、化学構造式に慣れることです。音楽の世界で作曲はもちろん、合唱し、演奏するためには、音譜に慣れなければなりません。化学の世界を理解する場合も同様です。化学構造式は、たった100強の数の元素記号といくつかの構造式を書くルールを覚えるだけで、現在わかっている3000万種の化学物質を書き表すことができるのです。

複雑な化学構造式を覚える必要はありません。ただし化学製品の性質や性能の違いが生まれる要因が、化学構造式のどの部分にあるのかを理解できることが肝心です。

●必要最低限の元素記号

身のまわりの化学製品を理解するだけならば、せいぜい10種類の元素記号（図1-3-1）を覚えれば、ほとんど困りません。その際に、元素ごとに結合する手の数を同時に覚えることが肝要です。

図 1-3-1 まず覚えてほしい元素

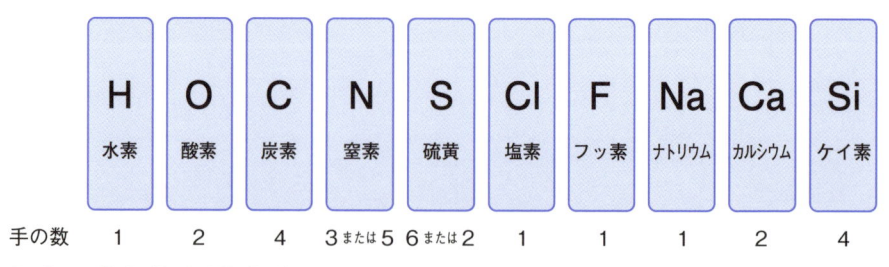

元素	H	O	C	N	S	Cl	F	Na	Ca	Si
	水素	酸素	炭素	窒素	硫黄	塩素	フッ素	ナトリウム	カルシウム	ケイ素
手の数	1	2	4	3または5	6または2	1	1	1	2	4

●分子式と化学構造式

化学物質を書き表す一番簡単な方法は、分子式です。水を H_2O と書くやり方です。分子から成る化学物質ならば、分子を構成する元素の種類と数を並べて書きます。しかし分子式が同じなのに、性質が明らかに違う化学物質

がたくさんあります。分子を構成する原子の並ぶ順番や並ぶ方向が違うためなのです。こういう物質同士を異性体と呼びます。化学構造式は、この違いをすべて書き表すことができます。すばらしい知恵の結晶です（図1-3-2）。

図 1-3-2
簡単な構造の異性体の例

ノルマルブタン（n-ブタン）

```
 H H H H
 | | | |
H-C-C-C-C-H
 | | | |
 H H H H
```

イソブタン（i-ブタン）

```
 H H H
 | | |
H-C-C-C-H
 | | |
 H H H
 H-C-H
   |
   H
```

すべての結合を示すことは繁雑なので、決まりきった形となる部分は分子式のような形に省略して書きます。

$CH_3-CH_2-CH_2-CH_3$

$CH_3-CH-CH_3$
$\quad\quad |$
$\quad\quad CH_3$

さらに省略して次のように書くこともできます。

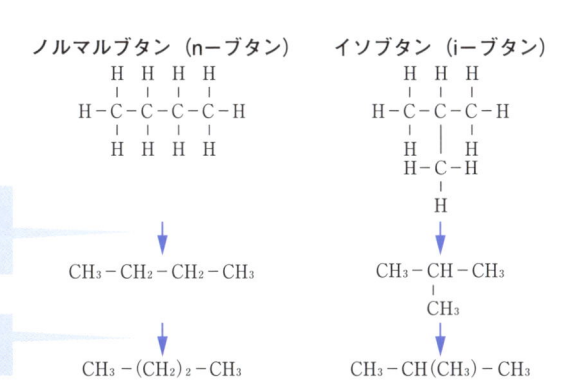

$CH_3-(CH_2)_2-CH_3$

$CH_3-CH(CH_3)-CH_3$

●炭素の結合の方向

炭素は、4つの手をもっていますが、この4つは同じ平面上にあるわけではありません。図1-3-3の（1）のように、人が左右斜め上に手を広げ、足を前後に開いた方向です。4つの結合しているものがすべて異なる場合、図の（1）、（2）は絶対に重なりません。これも異性体です。人が両足を閉じると図の（3）のようにCD2つは重なってしまいます。炭素−炭素がこのような結合をした場合を二重結合と呼びます。2つの炭素回りのA、B、CDがすべて同じ平面上になります。炭素−炭素の二重結合は、重要な基礎化学品（エチレン、ブタジエン、ベンゼンなど）を生み出します。

図 1-3-3　炭素の４つの手の方向

(1) 一重結合のみ　　(2) 一重結合のみ　　(3) CDは二重結合　　(4) BCDは三重結合

ABCDは炭素を重心の位置とした正四面体を形成します。

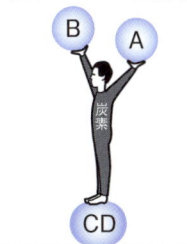

A、B、CDと炭素は同一平面上に並びます。

A、BCDと炭素は一直線上に並びます。

1-4 有機化学の基礎知識

●有機化学とは

　炭素化合物の化学を有機化学といいます。炭素を含まない化学が無機化学です。ただし炭酸ガス・炭酸塩や一酸化炭素は無機化学に入れます。

　高校の化学では、酸アルカリとか、金属イオンの反応など無機化学が中心です。しかし、身のまわりの化学製品は、圧倒的に有機化学製品なのです。有機化学を理解しないと、化学製品はわかりません。

　もともと有機化学品は動植物などの生物からつくられるもの、無機化学品は水や鉱物からつくられるものという概念でした。しかし無機化学品だけの反応で尿素がつくられることがわかり、今では概念がすっかり変わりました。

●有機化学繁栄のわけ

　1-3節で述べたように、炭素は4つの手を様々に変えて、一重結合、二重結合、三重結合をつくります。このうち三重結合は、現代の化学産業では重要な化学製品がありませんので、除外して結構です。

　さらに炭素同士が非常にたくさんつながることもできますし、水素、酸素、窒素、塩素、硫黄などと様々な結合をすることができるので、非常に多種類の有機化学品や高分子化学品を合成することができるのです。しかも、様々な原子が結合すると、化学製品としての性質、性能が大きく変わるので有機化学品には非常に多くの用途が開けました。

●化学製品理解の第一歩

　接合部分があるプラスチック製の小ブロックを組み上げて動植物や家など様々な形をつくるおもちゃがあります。化学製品も、官能基と呼ぶ接合部分が付いた小ブロックを組み上げていると考えると理解しやすいと思います。小ブロックの形や色（性質）、接合部分である官能基の形や色が、プラスチック製小ブロックに比べると、多様なので少し複雑に見えます。

●小ブロックの形と色

　プラスチック製小ブロックは、大小ありますが、おおむね直方体です。有機化学製品を組み上げる小ブロックには、図1-4-1に示すように様々な形（化学構造）と色（性質）があります。この小ブロックが、基礎化学品です。

　小ブロックを積み上げた中ブロックが有機化学品の骨格です。さらに大きく積み上げた大ブロックが高分子化学品の骨格になります。

図 1-4-1　基礎化学品の様々なブロックの形

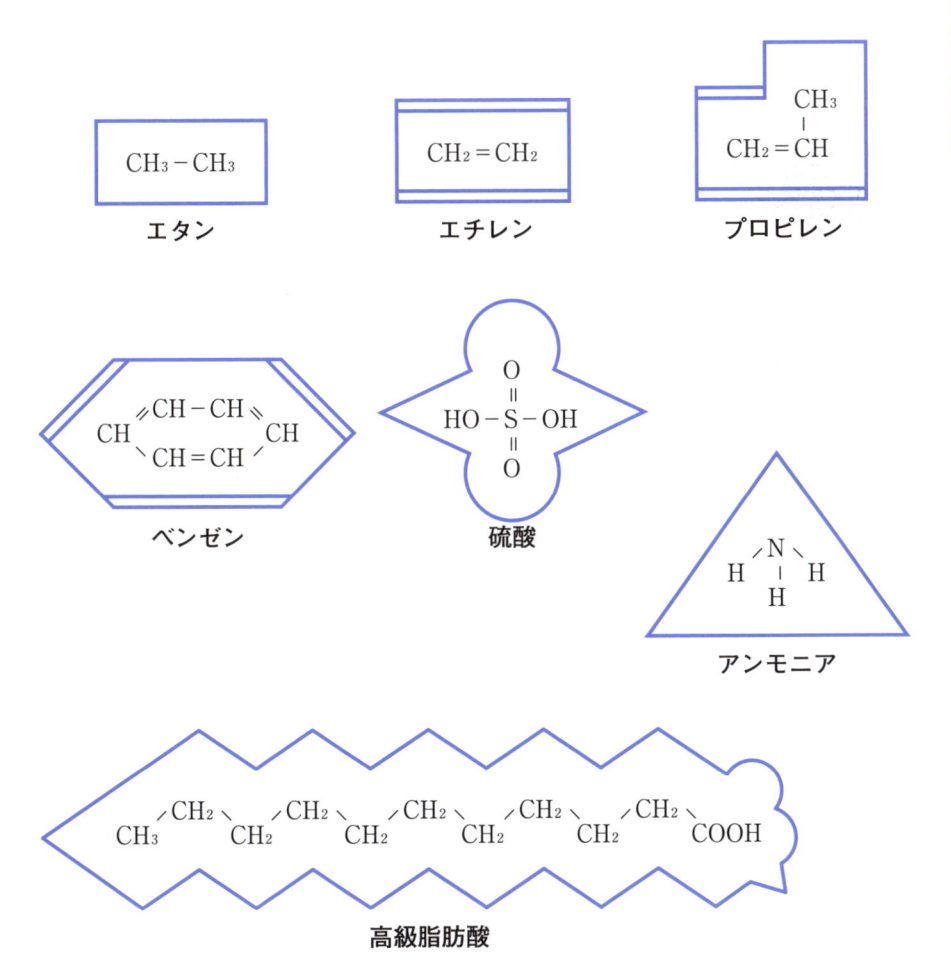

- CH_3-CH_3　エタン
- $CH_2=CH_2$　エチレン
- $CH_2=CH-CH_3$　プロピレン
- ベンゼン
- $HO-S(=O)(=O)-OH$　硫酸
- NH_3　アンモニア
- $CH_3-(CH_2)_n-COOH$　高級脂肪酸

●官能基の形

　プラスチックおもちゃの接合部分は、すべて同じ形ですが、有機化学製品の小ブロックに付いている接合部分の形は様々です。この接合部分を官能基といいます。図1-4-2の官能基の形をみると、官能基には小ブロック（基礎化学品）から水素を除いた形をしているものがたくさんあります。アルコール基やエーテルも、水（化学原料）から水素を除いた形です。塩素基も塩酸から水素を除いた形です。このように多くの官能基は、実は小ブロックを少しだけ変化させたものに過ぎないのです。

　組み立てのおもちゃと同じく、有機化学製品を組み上げるときには、すべての接合部分が使われるわけではありません。小ブロックを組み上げた中、大ブロックの骨格が同じでも、接合に使われている官能基や接合に使われていない官能基によって、化学製品の性質、性能が変わってきます。この点は、プラスチック製おもちゃと少々異なります。

●官能基の性質

　官能基によって、化学製品の性質がある程度決まってしまいます。エーテル基、アルコール基、カルボン酸基、スルホン酸基が付くと、水になじみやすくなり、水に溶けることもあります。逆に炭素数の多いアルキル基やエステル基、フェニル基が付くと、水をはじきやすくなります。カルボン酸基やスルホン酸基が付くと酸性を示すようになります。

　化学製品の性質、性能を生み出したり、変えたりするために、中ブロックや大ブロックの骨格に官能基を付け加え、外し、改変させる操作が行われます。

図 1-4-2　有機化合物の官能基の例

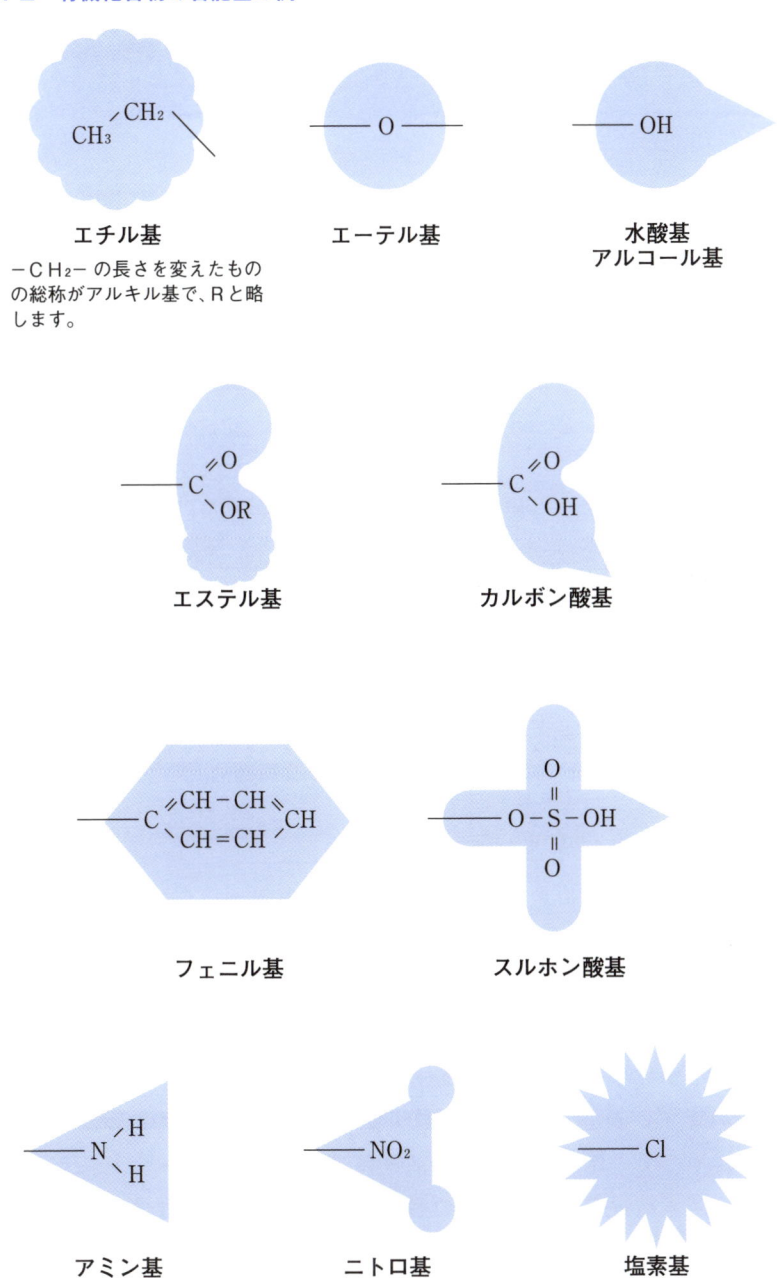

エチル基
CH_3-CH_2-
$-CH_2-$ の長さを変えたものの総称がアルキル基で、Rと略します。

エーテル基
$-O-$

水酸基 アルコール基
$-OH$

エステル基
$-C(=O)-OR$

カルボン酸基
$-C(=O)-OH$

フェニル基

スルホン酸基
$-O-S(=O)(=O)-OH$

アミン基
$-N(H)(H)$

ニトロ基
$-NO_2$

塩素基
$-Cl$

1-5 化学製品の名前

●様々な名前

　化学製品が分かりにくい原因のひとつに、名前が1個でないことがあります。たとえばお酒の成分であるアルコールは、正確にいえばエチルアルコールです。この名前は聞いたことがあると思います。これは慣用名・一般名なのです。世界で統一された名前の付け方（IUPAC命名法）によるとエタノールと呼びます。しかしIUPAC命名法に従うと、ちょっと複雑な化合物は非常に長い名前になってしまうので、慣用名がしばしば使われます。

　一方、高分子化学品や最終化学品では、生産会社が付けた商標名があります。最初にその化学製品をつくった会社の商標が、そのような化学製品の代名詞となり、慣用名のように使われてしまう場合もよくあります。オゾン層破壊で有名になったフッ素系化合物であるフロン、フッ素樹脂の代名詞となったテフロンなどです。アミド結合による高分子化学品は、ポリアミドとかナイロンと呼ばれます。ナイロンも本来は商標でしたが、いまでは一般名になりました。

●炭化水素とアルキル基の名前

　有機化学は炭素を中心とした化学なので、炭素のつながりをブロックの骨格と見なし、それに様々な官能基が付いていると考えて名前を付けると、化学製品の名前をある程度体系的に付けることができます。基本となる骨格として、炭素と水素だけからなる化合物（炭化水素）の中で、炭素－炭素が一重結合だけからなる炭化水素（飽和炭化水素、パラフィン系炭化水素）が選ばれています。表1-5-1で、炭素数1から4までの名前はしっかり覚えてください。すべての飽和炭化水素の語尾には、アン（an）が付いています。

　炭素－炭素結合が、一重結合だけでできていない炭化水素を不飽和炭化水素といいます。その中で最も簡単な構造は、二重結合がひとつだけのものです。これをオレフィンと呼びます。語尾がエン（en）に変わります。炭素2、

3のオレフィンは、エテン、プロペンとなりますが、慣用名であるエチレン、プロピレンがよく使われます。パラフィン系炭化水素から水素をひとつだけ除くと官能基ができます。これをアルキル基と呼びます。語尾がイル（yl）に変わります。

●官能基の種類と名前

図1-4-2で官能基の構造を示しましたので、表1-5-2では官能基を簡略化して書いています。官能基が付くと、その化合物は、炭素骨格の名前に表1-5-2の右欄に示すような名前を付けて呼ばれます。

表1-5-1　代表的な炭素水素とアルキル基の名前

炭素数	飽和炭化水素		二重結合一つの不飽和炭化水素		アルキル基R	
1	CH_4	メタン	なし		CH_3-	メチル基
2	C_2H_6	エタン	C_2H_4	エチレン	C_2H_5-	エチル基
3	C_3H_6	プロパン	C_3H_6	プロピレン	C_3H_7-	プロピル基
4	C_4H_8	ブタン	C_4H_8	ブチレン（またはブテン）	C_4H_9-	ブチル基
6	C_6H_{14}	ヘキサン	C_6H_{18}	ヘキセン	$C_6H_{13}-$	ヘキシル基
8	C_8H_{18}	オクタン	C_8H_{18}	オクテン	$C_8H_{17}-$	オクチル基
	(C_nH_{2n+2})		(C_nH_{2n})		(C_nH_{2n+1})	

表1-5-2　代表的な官能基とその化合物の命名法

官能基		命名法
$-OH$	アルコール基	〜オール　または　〜アルコール
$-O-$	エーテル基	オキシ〜　または　〜エーテル
$-CHO$	アルデヒド基	〜アルデヒド　または　〜アール
$-COOH$	カルボン酸基	慣用名が使われる
$-COOR$	エステル基	カルボン酸基の慣用名＋エート
$-SO_3H$	スルホン酸基	〜スルホン酸
$-NH_3$	アミン基	〜アミン
$-NO_2$	ニトロ基	ニトロ〜
$-N=C=O$	イソシアネート基	〜イソシアネート
$-CN$	シアノ基	〜ニトリル
$\underset{O}{C-C}$	エポキシ基	エポキシ〜　または　〜オキサイド
$-C\begin{smallmatrix}CH=CH\\CH-CH\end{smallmatrix}CH$	フェニル基	フェニル〜
$-CH=CH_2$	ビニル基	〜ビニル

1-6 化学原料

●化学製品の原料

　化学製品は、安価でまとまった量が得られるものを基本的な原料としてきました。現在は、石油が最も基本となる炭素原料であり、また水素原料にもなります。天然ガスは、都市ガスや火力発電所の燃料として、LNGの形で大量に輸入されています。しかしLNGは、天然ガス産地で液化し、特殊な船（LNG船）で輸入しなければならないために高価であり、日本国内では化学原料としてはほとんど利用されていません。
　このほか、化学産業は、空気、水のようなありふれた資源、二酸化硫黄や二酸化炭素のような廃棄物までも化学原料として利用します。

●石油

　石油は現代の化学産業では、最も基本となる炭素原料です。石油はガソリン、灯油などエネルギーとして使われますので、化学原料となるのは、このような石油製品と競合することが少ないナフサ（粗製ガソリンとも呼ばれます）です。国内、海外の石油精製工場で原油を蒸留してつくられます。ナフサは、ガソリンとほぼ同じ温度範囲で得られる、非常に蒸発しやすく燃えやすい石油です。自動車燃料となるガソリンのように、オクタン価などの性能調整はされていません。中東などでは、原油採掘時に急激な圧力低下のため、原油からナフサ相当の石油成分（NGL）が分離してきます。これもナフサとして扱われ、化学原料として大量に輸入され使われています。
　炭素数（Cと略）が2つのエタン（天然ガスの一成分）を原料とすると、ほとんどエチレン（C_2）しか得られないのに対して、炭素数が5〜10程度であるナフサを原料とすると、エチレン、プロピレン（C_3）、ブタジエン（C_4）、ベンゼン（C_6）、キシレン（C_8）と多彩な基礎化学品が同時に得られます。それぞれの基礎化学品を出発原料に図1-6-1に示すとおり、非常に多くの有機化学品、高分子化学品が生産され、さらにそこから高分子成形加工品、塗

料、接着剤、医薬品、農薬などがつくられていきます。

図 1-6-1　石油化学製品

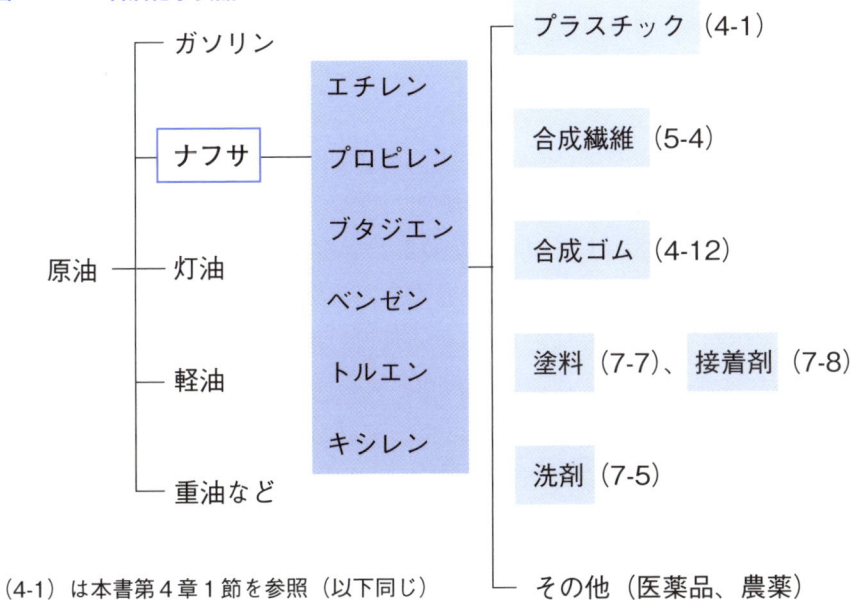

```
                 ┌─ ガソリン
                 │           ┌ エチレン ┐      ┌─ プラスチック（4-1）
                 │           │ プロピレン │      │
                 ├─ ナフサ ──┤ ブタジエン │──┬─ 合成繊維（5-4）
   原油 ─────────┤           │ ベンゼン  │    │
                 ├─ 灯油     │ トルエン  │    ├─ 合成ゴム（4-12）
                 │           └ キシレン ┘    │
                 ├─ 軽油                      ├─ 塗料（7-7）、接着剤（7-8）
                 │                            │
                 └─ 重油など                  ├─ 洗剤（7-5）
                                              │
                                              └─ その他（医薬品、農薬）
```

（4-1）は本書第4章1節を参照（以下同じ）

●石炭

　石炭は、1950年代までは主要な化学原料でしたが、現代では石油に代わられています。石炭を乾留（蒸し焼きのこと）すると、石炭ガス、コークス、コールタールができます。石炭ガスは、昔はガス灯や都市ガスに使われ、コークスは昔も今も製鉄に大量に使われています。しかしコールタールだけは用途がなく、困った産業廃棄物でした。合成染料工業は、このコールタールを蒸留して得られるベンゼンから始まりました。

　コークスと石灰石を電気炉で高温にするとカーバイドが得られます。カーバイドを高温で空気と反応させると石灰窒素になり、これはアンモニア、窒素肥料の原料として使われました。またカーバイドと水を反応させると、アセチレンが得られます。アセチレンは、エチレンと同じ炭素数2の三重結合を持つ炭化水素です。非常に反応性が高く、1930～50年代には、アセチレンを出発原料とした有機化学品・高分子化学品の製品体系がつくられ工業化されました。しかし燃料の中心が石油に移った1960年代にこの製品体系は

ほぼなくなりました。現在でも、製鉄用コークスをつくる際に副生するガスやコールタールが化学原料に使われていますが、もはや化学原料としてはそれほど大きな割合を占めてはいません。しかし、石油資源の枯渇が懸念されるようになると、石炭が再び化学原料となる可能性はあります。

●天然ガス

石油の化学構造式が $-(CH_2)n-$ であるのに対して、天然ガスの主成分であるメタンは CH_4 ですので、炭素含有量に比べて水素が多く含まれています。このため天然ガスは、大量の水素が必要となるアンモニア NH_3 やメタノール CH_3OH の原料として使われます。ただし天然ガス産地やパイプラインで天然ガスを得られる地域でなければ、天然ガスは化学原料にはなりえません（図 1-6-2）。

図 1-6-2　化学原料として使われる炭素源

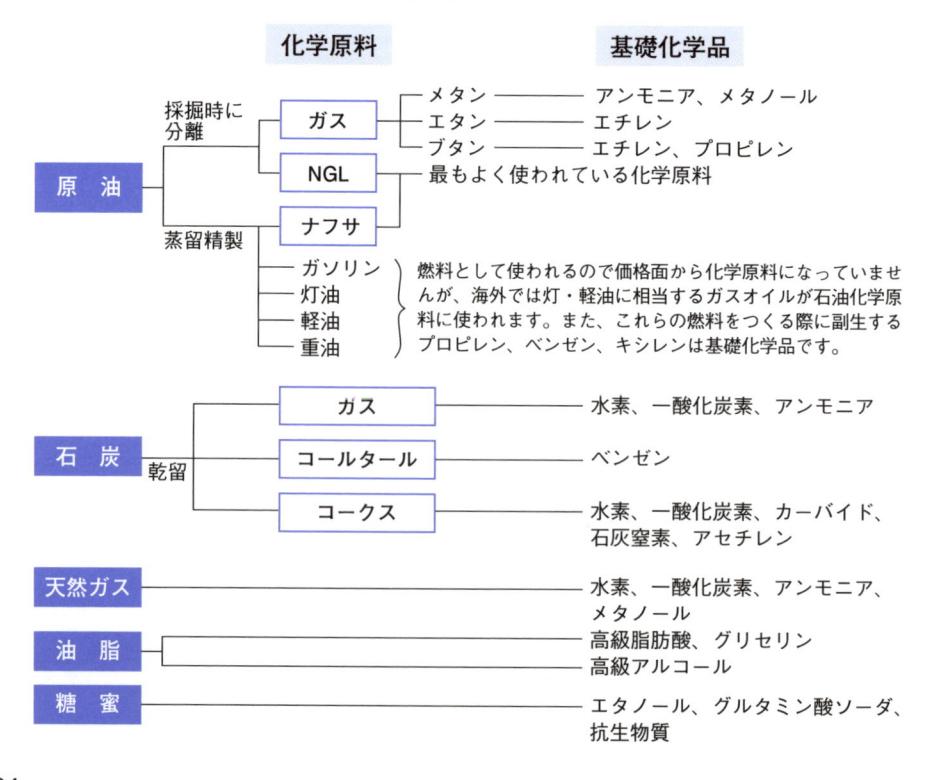

原料	工程	化学原料	成分	基礎化学品
原油	採掘時に分離	ガス	メタン	アンモニア、メタノール
			エタン	エチレン
			ブタン	エチレン、プロピレン
		NGL		最もよく使われている化学原料
	蒸留精製	ナフサ		
		ガソリン / 灯油 / 軽油 / 重油		燃料として使われるので価格面から化学原料になっていませんが、海外では灯・軽油に相当するガスオイルが石油化学原料に使われます。また、これらの燃料をつくる際に副生するプロピレン、ベンゼン、キシレンは基礎化学品です。
石炭	乾留	ガス		水素、一酸化炭素、アンモニア
		コールタール		ベンゼン
		コークス		水素、一酸化炭素、カーバイド、石灰窒素、アセチレン
天然ガス				水素、一酸化炭素、アンモニア、メタノール
油脂				高級脂肪酸、グリセリン / 高級アルコール
糖蜜				エタノール、グルタミン酸ソーダ、抗生物質

●その他の炭素原料

　炭素数が 10 〜 20 で、炭素骨格が枝分かれなくつながった化合物は、自然界での分解性のよい洗剤原料として重要です。炭素骨格が枝分かれすると分解性が悪くなり、河川で洗剤の泡公害が発生します。エチレンやプロピレンから炭素数 10 〜 20 の化合物をつくることはできますが、炭素骨格の枝分かれのない化合物のみをつくることは、なかなかできません。このような化合物は、やし油や牛脂のような油脂を原料にしてつくることができます。

　また糖類は、発酵化学製品（エタノール、グルタミン酸ソーダ、抗生物質など）の原料になります。ブラジルではサトウキビの搾り液を使ってエタノールをつくっています。しかし、サトウキビの搾り液は、雑菌が多く含まれているために保存性が悪く、輸送・保管を行いにくい原料です。サトウキビのしぼり液から砂糖（ショ糖）を取った残りである糖蜜は、砂糖を大量に含み、しかも保存性がよく、船輸送ができるので化学原料として使われます。

●その他の化学原料

　無機薬品原料となる鉱石のような採掘資源だけでなく、空気、水のような安価で大量に得られる資源、二酸化硫黄、二酸化炭素のような廃棄物も化学原料になります。海水から天日製塩で得る食塩も重要な化学原料です。メキシコやオーストラリアの広大な塩田でつくられた食塩が、大量に日本に輸入されます。一方、地下に岩塩層がある地域では、淡水を注入し食塩水として取り出して利用しています。

図 1-6-3　平凡な物質が化学原料に

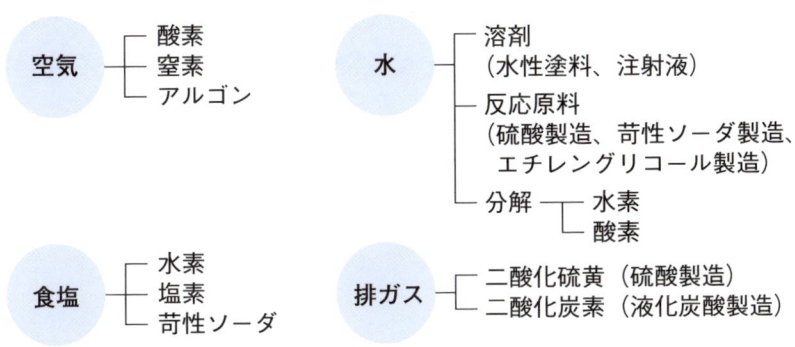

- 空気
  - 酸素
  - 窒素
  - アルゴン
- 水
  - 溶剤（水性塗料、注射液）
  - 反応原料（硫酸製造、苛性ソーダ製造、エチレングリコール製造）
  - 分解
    - 水素
    - 酸素
- 食塩
  - 水素
  - 塩素
  - 苛性ソーダ
- 排ガス
  - 二酸化硫黄（硫酸製造）
  - 二酸化炭素（液化炭酸製造）

💡 ノーベル賞日本人受賞者の業績

　日本人ノーベル賞受賞者17名（2011年11月の時点）のうち、化学賞受賞者は最も多く7名になります。その業績を簡単に紹介します。

1981年受賞　福井謙一
　化学反応、特に有機化学反応が、なぜ、どのように起こるのかを研究する理論化学の分野において、フロンティア軌道理論を提唱しました。

2000年受賞　白川英樹
　長らく高分子は電気絶縁物と考えられていましたが、電気を流す高分子（導電性高分子）材料としてポリアセチレンフィルムを初めて合成しました。ヨウ素などを加える（ドーピング）ことで導電性が発現します。

2001年受賞　野依良治
　生物の身体はキラル異性体(7-3節参照)でできているために、医薬品、香料などはこの異性体をいかにつくるかが重要です。不斉触媒をつかった不斉合成反応（キラル異性体の片方を多くつくる反応）を開発しました。

2002年受賞　田中耕一
　タンパク質の質量分析は、タンパク質が分解しやすいため困難でした。MALDI法の開発により実現し生体高分子の構造解析を進展させました。

2008年受賞　下村脩
　オワンクラゲの研究から緑色蛍光タンパク質（GFP）を発見しました。その後各所でGFPをつくる遺伝子解明やそれを異種生物の細胞に導入する研究が行われ、GFPによる観察は生物学の重要な研究ツールになりました。

2010年受賞　根岸英一、鈴木章
　有機亜鉛化合物、有機ホウ素化合物と有機ハロゲン化合物のような2つの化学物質から、新しい炭素－炭素結合の化合物をつくりだす反応（クロスカップリング）を開発しました。

第2章

基礎化学品

基本ブロックとなる化学物質を説明します。
石油資源からの基本ブロックは、
石油の化学構造を壊してつくっていますが、
バイオ資源からの基本ブロックは、
バイオ資源が持つ有用な化学構造を壊すことなく、
うまく使いこなしています。

2-1 エチレン、プロピレン

●最も重要な出発化学物質

　エチレンとプロピレンは、現代の化学産業では最も重要な小ブロックといえます。図1-4-1に示したとおり、炭素、炭素の二重結合を持った最も単純なオレフィンです。この二重結合が適度に反応性に富むので、この両者を出発原料として、図2-1-1に示すように、多くの重要な有機薬品（中ブロック）や高分子化学品（大ブロック）がつくられています。この中ブロックからさらに複雑な中ブロックや大ブロックが組み立てられます。

　炭素、炭素の三重結合をもった化合物にアセチレンがあります。かつて石炭を出発原料とした化学産業の時代には、有機化学製品全体の重要な小ブロックでした。しかしアセチレンは非常に反応性が高く、爆発の危険性も高いので、現在では溶接用ガスなど限られた用途にしか使われていません。

●製造法

　エチレン、プロピレンは、ナフサを原料としてブタジエンやベンゼンなどと連産して生産されます。ナフサを高温の水蒸気と混合して、約800℃で熱分解すると、エチレン（約30%）、プロピレン（約15%）、ブチレン、ブタジエン（両者合計で約10%）、ベンゼン、トルエン、キシレン（約20%）などの混合物ができます。これから蒸留法や抽出法によって各成分を順番に取り出していきます。その他には水素、メタン、エタン、炭酸ガス、分解重油などが生成します。中東産油国や米国では、原油採掘時に随伴するガスあるいは天然ガスに、エタンが多量に含まれているので、これを熱分解してエチレンをつくっています。しかし、この場合にはプロピレン以下の収量は少なくなります（図2-1-2）。

　エチレン製造装置は、非常に大型ですので、遠く工場外からも高い蒸留塔を見ることができます。通常、最も太く高い蒸留塔がエチレン、次に太く2本並列に並んでいる（1本にしたなら最も高い）蒸留塔がプロピレンです。

図 2-1-1　エチレン、プロピレンからつくられる主要化学製品

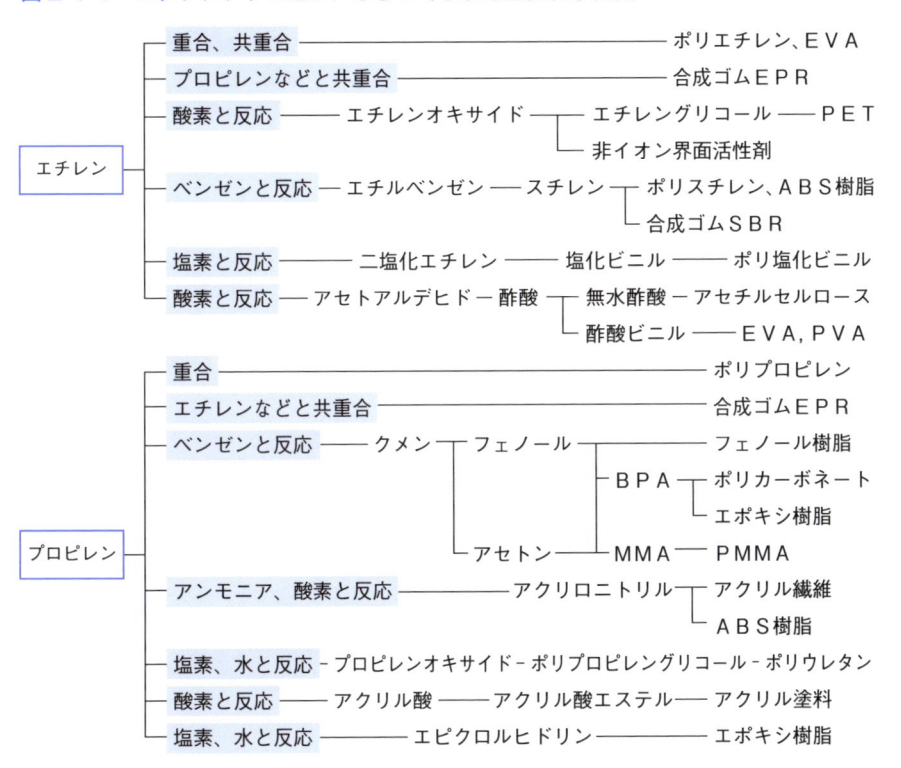

エチレン
- 重合、共重合 ──────────────── ポリエチレン、EVA
- プロピレンなどと共重合 ─────────── 合成ゴムEPR
- 酸素と反応 ── エチレンオキサイド ┬ エチレングリコール ── PET
　　　　　　　　　　　　　　　　　└ 非イオン界面活性剤
- ベンゼンと反応 ── エチルベンゼン ── スチレン ┬ ポリスチレン、ABS樹脂
　　　　　　　　　　　　　　　　　　　　　　　└ 合成ゴムSBR
- 塩素と反応 ──── 二塩化エチレン ──── 塩化ビニル ──── ポリ塩化ビニル
- 酸素と反応 ── アセトアルデヒド ── 酢酸 ┬ 無水酢酸 ── アセチルセルロース
　　　　　　　　　　　　　　　　　　　　└ 酢酸ビニル ── EVA, PVA

プロピレン
- 重合 ─────────────────── ポリプロピレン
- エチレンなどと共重合 ─────────── 合成ゴムEPR
- ベンゼンと反応 ── クメン ┬ フェノール ┬ フェノール樹脂
　　　　　　　　　　　　　　│　　　　　　├ BPA ┬ ポリカーボネート
　　　　　　　　　　　　　　│　　　　　　　　　└ エポキシ樹脂
　　　　　　　　　　　　　　└ アセトン ── MMA ── PMMA
- アンモニア、酸素と反応 ──── アクリロニトリル ┬ アクリル繊維
　　　　　　　　　　　　　　　　　　　　　　　　└ ABS樹脂
- 塩素、水と反応 ── プロピレンオキサイド ── ポリプロピレングリコール ── ポリウレタン
- 酸素と反応 ── アクリル酸 ── アクリル酸エステル ── アクリル塗料
- 塩素、水と反応 ──── エピクロルヒドリン ──────── エポキシ樹脂

図 2-1-2　ナフサ分解による基礎化学品の生産

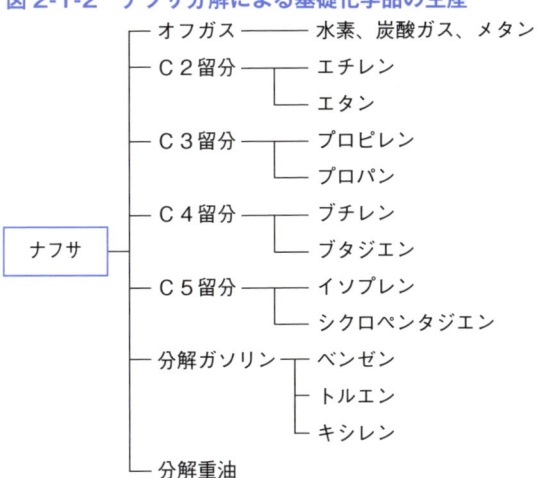

ナフサ
- オフガス ──── 水素、炭酸ガス、メタン
- C2留分 ┬ エチレン
　　　　　└ エタン
- C3留分 ┬ プロピレン
　　　　　└ プロパン
- C4留分 ┬ ブチレン
　　　　　└ ブタジエン
- C5留分 ┬ イソプレン
　　　　　└ シクロペンタジエン
- 分解ガソリン ┬ ベンゼン
　　　　　　　　├ トルエン
　　　　　　　　└ キシレン
- 分解重油

2・基礎化学品

2-2 ブチレン、ブタジエン

●ブチレン

　ブチレンという呼称は慣用名です。IUPAC命名法ではブテンです。エチレン、プロピレンは慣用名で呼ばれるのに、ブチレンは慣用名、IUPAC名の両方が使われています。

　ブチレンは炭素4つ、二重結合1つのオレフィンなので図2-2-1に示すとおり4つの異性体があり、蒸留で分離精製できます。

　1-ブテンは、直鎖状低密度ポリエチレンLLDPE(4-2節参照)や溶剤メチルエチルケトンMEKの原料に使われます。2-ブテンは、無水マレイン酸やMEKの原料になります。イソブチレンはメタクリル酸メチルMMAの原料になります。ブチレンは展開範囲が比較的狭い小ブロックです。

●ブタジエン

　1,3-ブタジエンの構造式は、$CH_2=CH-CH=CH_2$です。このように二重結合、一重結合が順番に並ぶと共役二重結合と呼ばれる反応性と安定性を兼ね備えた独特の性質を持った化合物ができます。ブタジエンは、スチレンブタジエンゴムSBR、ポリブタジエンゴムBRなど合成ゴム(4-12節参照)の原料として重要な小ブロックです。日本ゼオンが開発したジメチルホルムアミドDMFを用いた抽出蒸留法は、1,3-ブタジエンの優れた製造法として、世界各国で採用されています(図2-2-2)。

●イソプレン

　イソプレンの構造式は、$CH_2=C(CH_3)-CH=CH_2$です。ナフサ分解成分から抽出あるいは蒸留で分離されます。イソプレンは天然ゴムNRの構成成分(小ブロック)です。イソプレンを立体特異性重合(4-3節参照)して天然ゴムと同じ構造を持つイソプレンゴムがつくられます。しかし分子量は天然ゴムの方がはるかに大きなものになります。

またイソプレンが1～数個組み合わさった炭素骨格構造に様々な官能基が付いた化合物（中ブロック）は、香料として使われます。

●シクロペンタジエン

ナフサ分解成分から得られる化合物です。これを重合して得られるシクロオレフィン系ポリマーは光学材料として近年脚光を浴びています。またジシクロペンタジエンは、エチレン、プロピレンと重合して合成ゴム EPR（4-12節参照）の生産に使われます。特異な小ブロックです（図2-2-3）。

図2-2-1　ブテンの4つの異性体

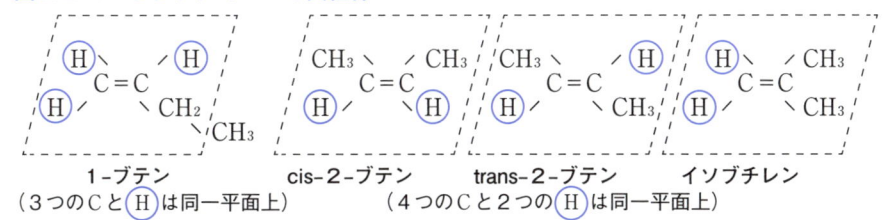

1-ブテン
（3つのCと(H)は同一平面上）

cis-2-ブテン　trans-2-ブテン
（4つのCと2つの(H)は同一平面上）

イソブチレン

（注）炭素―炭素の二重結合があると炭素の残った2つの手×2倍＝4つの手は、すべて同一平面上になり、しかも二重結合を軸にして回転することができなくなるので cis、trans という異性体が生まれます。結合を軸に回転できる一重結合と大きく異なる点です。

図2-2-2　ブチレン、ブタジエンからつくられる主要化学製品

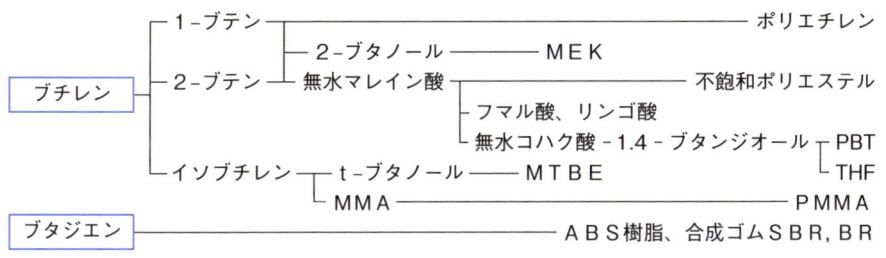

```
                ┌─ 1-ブテン ──────────────────── ポリエチレン
                │           ┌─ 2-ブタノール ──── MEK
ブチレン ──────┼─ 2-ブテン ─┤
                │           └─ 無水マレイン酸 ─── 不飽和ポリエステル
                │                    ├─ フマル酸、リンゴ酸
                │                    └─ 無水コハク酸 - 1.4-ブタンジオール ┬ PBT
                │                                                          └ THF
                └─ イソブチレン ┬─ t-ブタノール ─── MTBE
                                └─ MMA ──────────────────────── PMMA

ブタジエン ──────────────────────── ABS樹脂、合成ゴム SBR、BR
```

図2-2-3　シクロペンタジエンとジシクロペンタジエンの構造式

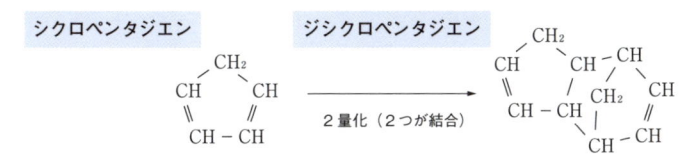

シクロペンタジエン　→ 2量化（2つが結合） → ジシクロペンタジエン

2-3 ベンゼン、トルエン、キシレン（BTX）

●芳香族化合物

　ベンゼンは、炭素6個が環状につながり、共役二重結合（2-2節のブタジエンの項参照）を3つ持った化合物です。この環は平面形で安定であり、簡単には壊れません。共役二重結合の環状化合物を芳香族化合物と呼びます。芳香族化合物の反応は、環の周辺に付いた官能基が入れ替わったり（置換）、官能基が変化したりする反応が主体です。六角形の重要な小ブロックです。

　芳香族化合物の優れた性質は、19世紀半ばころに、まず合成染料として活用されました。特に芳香族環（ベンゼン環、ナフタレン環、アントラセン環など）に窒素、窒素の二重結合が付いたジアゾニウム化合物は、芳香族環のほかの部位に付く様々な官能基を調整することにより、合成染料の色合い、染色性能（染まる強さ、染色の条件）を変化させることができるので大発展しました。その後、様々な医薬品や高分子化学品の開発にも芳香族化合物が不可欠であることが分かり、広く使われています（図2-3-1）。

●ベンゼン（B）

　ベンゼンは、最も簡単な構造の芳香族化合物です。現在は、ナフサ分解物や改質ガソリン（石油精製時にオクタン価を上げるために白金触媒などで石油を接触改質して生成）から蒸留によって生産されます。スチレン、フェノール、カプロラクタム、アルキルベンゼン、ニトロベンゼンなどの出発小ブロックとして、大量に使われています。

●トルエン（T）

　ベンゼンに次いで簡単な構造（ベンゼン環にメチル基が1つ付く）の芳香族化合物です。爆薬トリニトロトルエンの原料として有名ですが、溶剤として大量に使われるほかには、小ブロックとしてはポリウレタン原料TDI以外に大きな需要がありません。

●キシレン（X）

　メチル基2つの付く位置によって、オルソo、メタm、パラpの3つの異性体があります。このうち、パラキシレンがテレフタル酸の原料として最も生産量が大きく、次いでオルソキシレンは可塑剤や不飽和ポリエステル樹脂になる無水フタル酸の原料として重要な小ブロックです。メタキシレンには、大きな需要がありません（図2-3-2、図2-3-3）。

図2-3-1　様々な芳香族環

ベンゼン環　　ナフタレン環　　アントラセン環　　ピリジン環　　フラン環

・芳香族環を描くとき、CやHは繁雑なので省略して書きます。
・炭素以外の元素が環の中に入った化合物を複素環化合物といいます。複素環の中にも芳香族環と同様に平面形で安定した化合物があり、芳香族と同じように扱われます。

図2-3-2　ベンゼン、トルエン、キシレンからつくられる主要化学製品

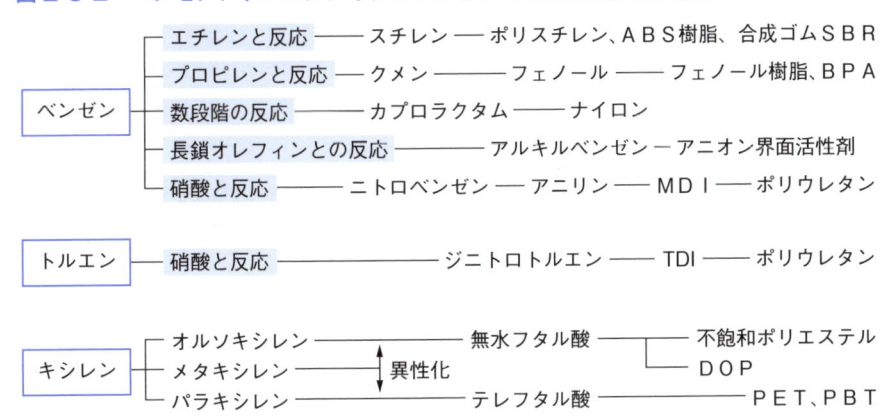

ベンゼン
- エチレンと反応 ── スチレン ── ポリスチレン、ABS樹脂、合成ゴムSBR
- プロピレンと反応 ── クメン ── フェノール ── フェノール樹脂、BPA
- 数段階の反応 ── カプロラクタム ── ナイロン
- 長鎖オレフィンとの反応 ── アルキルベンゼン ─ アニオン界面活性剤
- 硝酸と反応 ── ニトロベンゼン ── アニリン ── MDI ── ポリウレタン

トルエン
- 硝酸と反応 ──────── ジニトロトルエン ── TDI ── ポリウレタン

キシレン
- オルソキシレン ──── 無水フタル酸 ── 不飽和ポリエステル
- メタキシレン ──── 異性化　　　　　　└ DOP
- パラキシレン ──── テレフタル酸 ── PET、PBT

図2-3-3　キシレンの3つの異性体

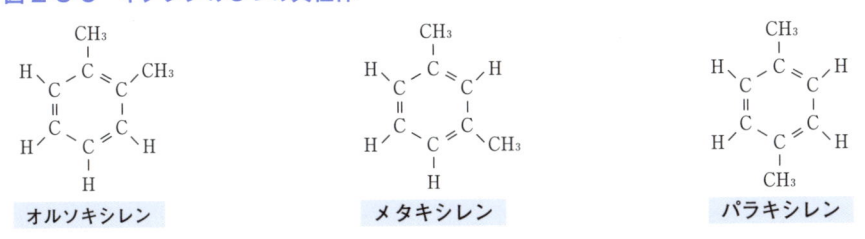

オルソキシレン　　　　メタキシレン　　　　パラキシレン

2-4 メタノール、一酸化炭素

● C1 化学の基礎化合物

　メタノールは IUPAC 名で、慣用名はメチルアルコールです。構造式は、CH_3OH ですので、最も簡単なアルコール化合物となり、溶剤として使われるほか、ホルムアルデヒド、酢酸の原料になります。エチレンに比べると利用範囲がはるかに小さな小ブロックです。

　しかし世界各国とも、メタノールを原料としてエチレンや直接に様々な有機化学品をつくる研究を行っています。メタノールの炭素数が1つなので、メタノールを出発小ブロックとする化学製品体系を C1（シーワン）化学と呼んでいます。

●原料の強み

　メタノールは、一酸化炭素 CO とその2倍量の水素 H_2 から合成されます（図2-4-1）。現在では石油化学コンビナートでなく、世界各地の天然ガス産出国で大規模に生産されています。常に枯渇が心配される石油と違って、天然ガスでも、石炭でも原料にできる強みをメタノールは持っています。

●一酸化炭素

　一酸化炭素は、オレフィンと反応して、炭素骨格の炭素数がひとつ増えたアルデヒドをつくるオキソ合成の原料となる小ブロックです（図2-4-2）。アルデヒドは、アルコールやカルボン酸に転換されて可塑剤や界面活性剤に使われます。

　同様にメタノールと一酸化炭素を反応させて、炭素数がひとつ増えた酢酸をつくることもでき、工業化されています。

●エネルギーとしての利用可能性も

　メタノール自体やメタノールを原料としたエーテル化合物をガソリン代わ

りやガソリン添加物に使おうという研究が、世界各国で地道に行われています。バイオマスからのエタノールやバイオディーゼルオイルのような再生可能資源ではありませんが、コストを大幅に下げる研究が進展しているので、実現可能性は再生可能資源より高いかもしれません。また将来、燃料電池が普及する場合に、メタノールは安全で手軽に移動できる水素源として期待されます（図 2-4-3）。

図 2-4-1　メタノールの合成

$$CO + 2H_2 \longrightarrow CH_3OH$$
一酸化炭素　　水素　　　メタノール

・天然ガスからメタノール原料ガスの生成

$$CH_4 + H_2O \longrightarrow 3H_2 + CO$$
天然ガス　　水蒸気
（メタン）

H_2 が過剰なので、CO_2（炭酸ガス）を加えると、

$$CO_2 + 3H_2 \longrightarrow CH_3OH + H_2O$$

図 2-4-2　オキソ合成（炭素骨格をひとつ伸ばす）

$$R-CH=CH_2 + CO + H_2 \longrightarrow RCH_2CH_2CHO + R-CH-CH_3$$
オレフィン　　一酸化炭素　水素　　　　　　　　　　　　　　　　｜
　　　　　　　　　　　　　　　　　　　　　　　　　　　　　　　CHO

　　　　　　　　　　　　　　　　　　　　　　　多い　　　　　　少ない

図 2-4-3　メタノール：エネルギー利用の可能性

エーテル化合物

$$CH_3-O-CH_3$$
ジメチルエーテル
DME

$$CH_3-O-\underset{\underset{CH_3}{|}}{\overset{\overset{CH_3}{|}}{C}}-CH_3$$
メチル-t-ブチルエーテル
MTBE

燃料電池用水素源としてのメタノール

$$CH_3OH + H_2O \rightarrow CO_2 + 3H_2$$

2-5 バイオ資源の基礎化学品

●高級脂肪酸、高級アルコール、グリセリン

　バイオ資源から大量に生産される小ブロックがあります。やし油、牛脂などの油脂を加水分解するとステアリン酸、オレイン酸、リノール酸などの高級脂肪酸とグリセリンが得られます。「高級」とは、炭素数が多いという意味です。この長所は得られた高級脂肪酸の炭素骨格に枝分かれがなく、まっすぐという点です。エチレンなどの小ブロックをつなげていくと、長さがまちまちで、しかも様々に枝分かれした炭素骨格の混合物になります。これらまっすぐの炭素骨格を取り出すことはできますが、手間もかかるし、無駄となる部分も多く、コストが高くなります（表2-5-1）。

　油脂から得られる炭素数が10～20程度の高級脂肪酸のナトリウム塩が洗剤として使われる石けんです。一方、カルシウム塩、亜鉛塩、バリウム塩などは金属石けんと呼ばれ、プラスチックの安定剤や滑剤として使われます。

　油脂を高圧で水素と反応させると高級アルコールができます。高級アルコールは、様々な界面活性剤をつくるための小ブロックです（図2-5-1）。

●発酵化学製品

　エタノール、有機酸、グルタミン酸を始めとするアミノ酸、核酸塩基、抗生物質、ビタミンC、酵素などが、ショ糖や糖蜜を原料につくられています。エタノールのように石油を原料とした化学製品と競合するものもありますが、多くは発酵化学によって直接に複雑な化学構造の化学製品（中ブロック）をつくり出す長所によって競合に勝っています。

●将来を期待されるバイオ資源の基礎化学品

　石油原料に代わる新しい化学製品体系をつくるために、バイオ資源から得られる有機化学品（中ブロック）が最近注目されています。1,3-プロパンジオールやブタノール、ブタンジオール、乳酸、コハク酸などです（図2-5-2）。

これらの有機化学品を原料とした高分子化学品は、今までにない性能を持っていたり、また生分解性であったりする点が長所になります。

表 2-5-1　代表的な高級脂肪酸

区分	名称	構造式	原料
飽和脂肪酸	ラウリン酸	$C_{11}H_{23}COOH$	ヤシ油、パーム油
	パルミチル酸	$C_{15}H_{31}COOH$	パーム油、牛脂
	ステアリン酸	$C_{17}H_{35}COOH$	牛脂
不飽和脂肪酸	オレイン酸	$C_{17}H_{33}COOH$	牛脂、オリーブ油

図 2-5-1　油脂を原料とした化学製品や食品

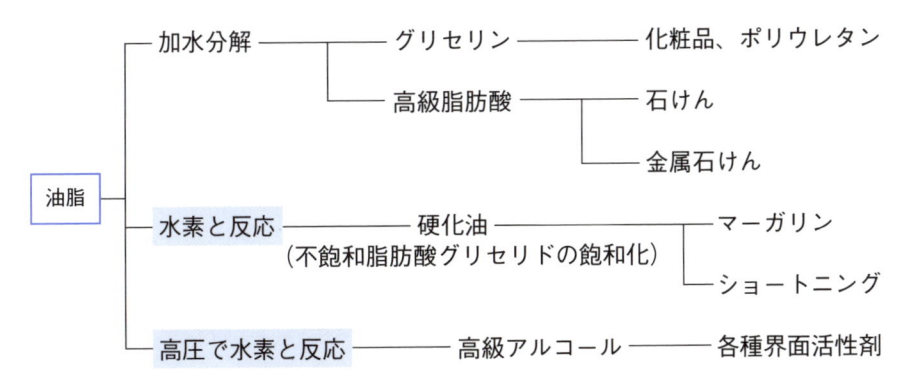

油脂
- 加水分解 ─ グリセリン ─ 化粧品、ポリウレタン
  - 高級脂肪酸 ─ 石けん
    - 金属石けん
- 水素と反応 ─ 硬化油（不飽和脂肪酸グリセリドの飽和化）
  - マーガリン
  - ショートニング
- 高圧で水素と反応 ─ 高級アルコール ─ 各種界面活性剤

図 2-5-2　将来を期待されるバイオ資源の有機化学品

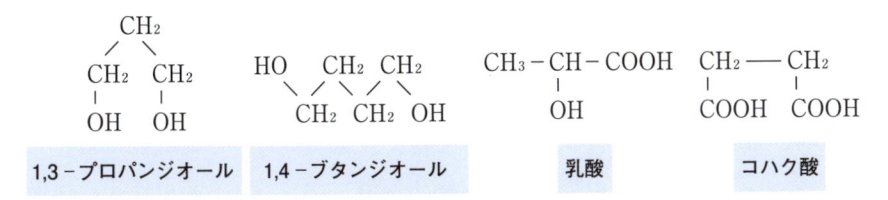

1,3-プロパンジオール

1,4-ブタンジオール

乳酸

コハク酸

2-6 硫酸

●最も古い化学製品

　近代化学産業は、18世紀イギリスで鉛室法によって硫酸を製造することから始まったといわれます。日本でも明治5年（1872年）大阪の大蔵省造幣局で鉛室法硫酸の生産を開始したことが、近代化学産業の始まりといわれます。

　このように硫酸は最も古い化学製品です。その後18世紀後半に窒素肥料が普及するとともに、硫安肥料（硫酸アンモニウム）（7-2節参照）の原料として大量に使われるようになりました。現在では肥料のほか、カプロラクタム、界面活性剤、無機薬品をつくるための小ブロックとして使われています。

●硫酸原料の変遷

　硫酸の原料は、最初は硫化鉱や天然硫黄でした。これを焼くと二酸化硫黄が生成します。20世紀半ばから原油が大量に使われるようになると、排ガスに含まれる二酸化硫黄による大気汚染公害が深刻になりました。このため排ガス規制が強化されるとともに、石油精製過程で原油から取り出した硫黄が硫化鉱や天然硫黄に代わって硫酸原料になりました。その後、金属精練工場では、排ガスを消石灰で中和して石膏（硫酸カルシウム）にするよりも、硫酸を製造するようになり、現在、日本ではこれが硫酸原料の中心になっています（図2-6-1）。

●塩酸、硝酸

　硫酸に次いで大量に生産されている酸は塩酸です。ただし、硫酸が100%換算重量、硝酸が98%換算重量に対して、塩酸は35%換算重量としての比較です。塩酸は電解ソーダ工場で生成する塩素と水素を反応させる（合成塩酸）ほか、塩素を使った後に塩化水素を除く反応工程を持った製品（塩化ビニル、イソシアネート）の製造工程（副生塩酸）からもつくられます。塩酸

は小ブロックというよりも、化学産業、鉄鋼業、食品産業など様々な産業で扱いやすい酸として使われています。

硝酸はアンモニアを酸化して生成する窒素酸化物を水と反応させて製造します。触媒、製造条件などで、様々なプロセスが開発されています。イソシアネートの中間体である有機ニトロ化合物の製造、火薬製造などもっぱら化学産業内で小ブロックとして使われます（図2-6-2、図2-6-3）。

図2-6-1　現在の硫酸製造法

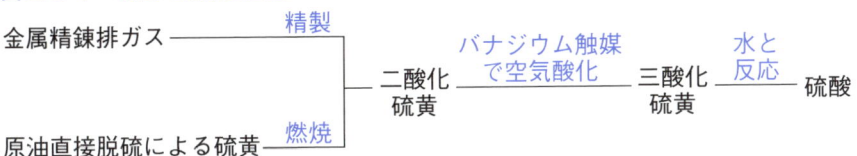

金属精錬排ガス ── 精製 ─┐
　　　　　　　　　　　　├─ 二酸化硫黄 ── バナジウム触媒で空気酸化 ── 三酸化硫黄 ── 水と反応 ── 硫酸
原油直接脱硫による硫黄 ── 燃焼 ─┘

図2-6-2　硫酸、硫酸エステル塩、スルホン酸の構造式

$$HO-\underset{\underset{O}{\|}}{\overset{\overset{O}{\|}}{S}}-OH \qquad R-O-\underset{\underset{O}{\|}}{\overset{\overset{O}{\|}}{S}}-ONa \qquad R-\!\!\!\underset{}{\bigcirc}\!\!\!-\underset{\underset{O}{\|}}{\overset{\overset{O}{\|}}{S}}-ONa$$

硫酸　　　　　　　高級アルコール硫酸　　　アルキルベンゼン
　　　　　　　　　エステル塩（サルフェート）　スルホン酸塩（スルホネート）
　　　　　　　　　（アニオン界面活性剤）　　（アニオン界面活性剤）
　　　　　　　　　（3-4参照）　　　　　　　（3-4参照）

（注）Rはアルキル基を示します。

図2-6-3　合成塩酸、硝酸の製造法

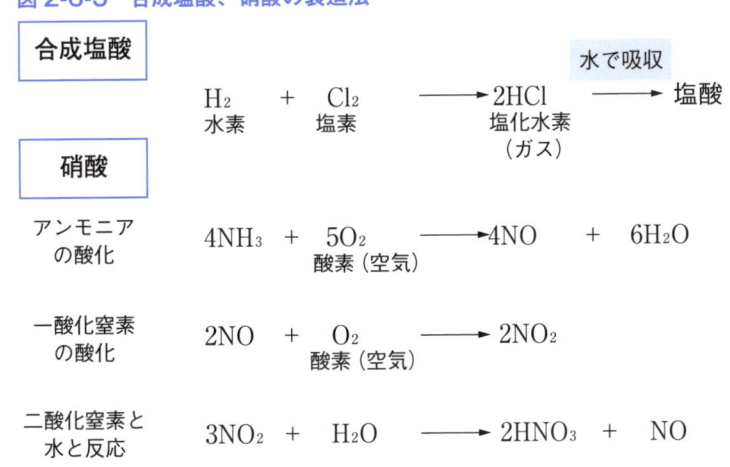

合成塩酸

H_2 + Cl_2 ⟶ $2HCl$　水で吸収　⟶ 塩酸
水素　塩素　　　　塩化水素（ガス）

硝酸

アンモニアの酸化　　$4NH_3 + 5O_2 \longrightarrow 4NO + 6H_2O$
　　　　　　　　　　　　　　酸素（空気）

一酸化窒素の酸化　　$2NO + O_2 \longrightarrow 2NO_2$
　　　　　　　　　　　　酸素（空気）

二酸化窒素と水と反応　$3NO_2 + H_2O \longrightarrow 2HNO_3 + NO$

2-7 苛性ソーダ、塩素

●食塩水電気分解

　苛性ソーダと塩素は、飽和食塩水を電気分解して製造されます。反応は実験室で食塩水を電気分解する場合と同じです。陽極側から塩素ガスが、陰極側から水素ガスが得られるとともに、陰極周辺に苛性ソーダが生成します。

　しかし、工業生産では、苛性ソーダに原料の食塩分が混ざると品質が低下するので、日本ではすべてイオン交換膜法が採用されています。一方、海外では、まだ水銀法、アスベスト隔膜法がたくさん使われています（図2-7-1）。

　フッ素系樹脂にカルボン酸やスルホン酸が付いたイオン交換膜を陽極、陰極の間に置き、食塩水を陽極側に供給すると、プラス電荷のナトリウムイオン Na^+ はイオン交換膜を通って陰極側に移動できるのに対して、マイナス電荷の塩化物イオン Cl^- はイオン交換膜を通ることができません。また陰極側で水の分解によって水素とともに水酸化物イオン OH^- が生成しますが、これもイオン交換膜を通ることができません。こうして陰極側から苛性ソーダ水溶液が得られます。

●苛性ソーダ

　苛性ソーダ NaOH は代表的な強いアルカリです。ただし消石灰 $Ca(OH)_2$ に比べると高価です。紙パルプ産業や化学産業、上下水道、食品産業、排水処理など非常に多くの産業で便利なアルカリとして使われています。世界ではアルミニウム製造工程で原料のボーキサイトからアルミナ（酸化アルミニウム）を取り出す際に大量に使われています。

●塩素

　塩素は重要な小ブロックです。ポリ塩化ビニルや塩素系溶剤のような塩素を含む化学製品の製造に不可欠です。そればかりでなく、塩素は大変に反応性が高いので、直接には合成できないような化学製品を合成する時にも使わ

れます。途中段階では塩素化物を生成しますが、塩化水素の形で塩素を除くので最終的には塩素が含まれない有機化学品をつくることができます。プロピレンオキサイドPOやイソシアネート類（TDI、MDIなど）です。ポリカーボネートを製造する際に使われるホスゲンも、塩素の高い反応性を活用した小ブロックです。この場合も、最終製品であるポリカーボネートに塩素は含まれません。

図2-7-1　食塩水電気分解の代表的な方法

イオン交換膜法

イオン交換膜をナトリウムイオンは通過できるが、塩化物イオン、水酸化物イオンは通過できないので、陽極側から食塩を含まない20％程度の苛性ソーダ水溶液が得られます。これを45％まで濃縮して製品とします。

水銀法

金属水銀が鉄を溶解せず、金属ナトリウムを溶解することを利用した方法。傾斜した鉄板電槽を陰極にして金属水銀を流し、その上に飽和食塩水を流し、陽極を浸して通電すると、食塩のみが分解し、電槽から塩素ガス、水銀に金属ナトリウムが溶解した合金（アマルガム）が得られます。アマルガムを別の反応器で水と反応させると水素ガス、高純度高濃度の苛性ソーダ水溶液及び水銀が得られます。

アスベスト隔膜法

陰極側から得た食塩／苛性ソーダ半々の水溶液を煮つめると、食塩が沈殿し、苛性ソーダ45％、食塩1％水溶液が得られます。

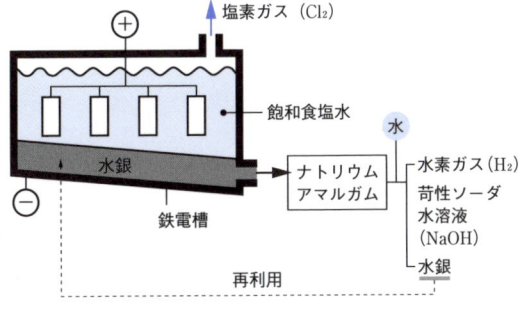

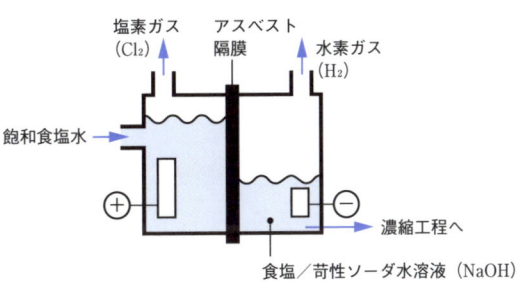

2-8 アンモニア

●窒素肥料

　植物の生長には様々な元素が欠かせません。農業のように生産物を収穫してしまう場合に、農地に不足しやすい元素が肥料3要素といわれる窒素、リン、カリウムです。リン、カリウムは、鉱石を原料にリン酸肥料、カリウム肥料がつくられます。一方、窒素肥料は、昔は糞尿や動植物体を腐らせるか、空中の窒素を体内に蓄積するマメ科植物から得ていました。その後硝石（硝酸カリウム、硝酸ナトリウム）が窒素肥料として使われましたが、産地が限られ、19世紀後半には増加する世界人口に対して窒素肥料不足から食糧不足が起きることが懸念されるようになりました。このため空気中に無限にある窒素から窒素化合物をつくることが求められました。

●空中窒素固定化

　これに対して、化学は様々な解決法を示しましたが、製造コストから最終的に成功を収めたのは、窒素と水素を直接反応させてアンモニアをつくる方法でした。1913年に世界最初のアンモニア工場がドイツで稼動しました。
　アンモニアは、窒素と水素を高温高圧下で固体触媒を使って反応させ、未反応ガスを循環するプロセスによって製造します。製造条件、触媒の種類、プロセスの組み方によって様々な製造法が開発されました。現在では、水素が安価に得られる天然ガスや原油の産出国で大規模に製造されています（図2-8-1）。

●化学産業の重要な小ブロック

　アンモニアは、硫酸と反応させて硫安肥料、炭酸ガスと反応させて尿素肥料に、また空気で酸化して硝酸になり、これから様々な有機ニトロ化合物がつくられます。その他アンモニアをプロピレン、酸化エチレンなどと直接反応させて、アクリロニトリル、エタノールアミンなど窒素含有有機化学品が

つくられます。アンモニアは、化学産業が窒素を利用するために不可欠な小ブロックです（図2-8-2）。

図2-8-1 アンモニアの合成

$$N_2 + 3H_2 \longrightarrow 2NH_3$$

窒素は空気の約80%を占める成分なので、空気を冷却液化分離して得ます。

水素は天然ガス（メタン CH_4）や石油（$-(CH_2)_n-$）から得ます。昔は水を電気分解するか、コークスを水と反応（水性ガス反応）させて得ました。

図2-8-2 アンモニアからつくられる主要化学製品

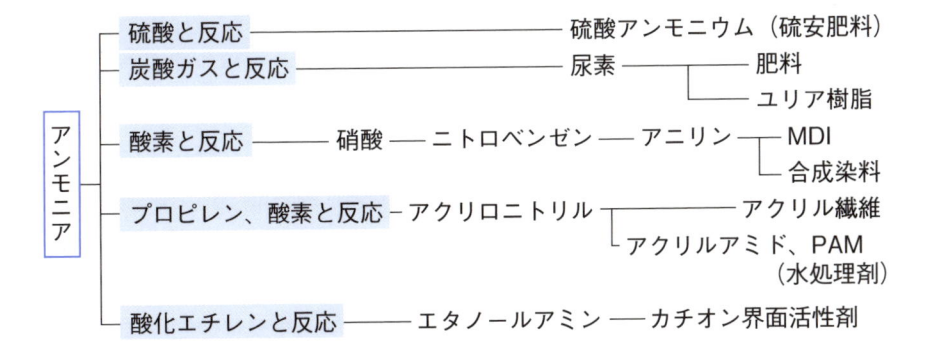

アンモニア
- 硫酸と反応 ── 硫酸アンモニウム（硫安肥料）
- 炭酸ガスと反応 ── 尿素 ┬ 肥料
                       └ ユリア樹脂
- 酸素と反応 ── 硝酸 ── ニトロベンゼン ── アニリン ┬ MDI
                                                └ 合成染料
- プロピレン、酸素と反応 ── アクリロニトリル ┬ アクリル繊維
                                        └ アクリルアミド、PAM（水処理剤）
- 酸化エチレンと反応 ── エタノールアミン ── カチオン界面活性剤

2-9 産業用ガス

●産業用ガスと燃料用ガス

都市ガスやボンベで提供されるLPGは、燃料用ガスです。これに対して、ボンベや高圧タンクローリーなどで提供される酸素、窒素、炭酸ガス、アルゴン、アセチレン、水素、塩素、半導体材料ガスなどは産業用ガスと呼ばれます。一方、化学工場内や化学工場間でも、エチレンを始めとして多くのガス状化学品がパイプラインの中を大量に輸送されています。しかし、通常、これらは産業用ガスとは呼ばれません。

●窒素、酸素、アルゴン

窒素、酸素、アルゴンは、空気を高圧下で冷却しながら液化し、蒸留分離して製造されます。酸素は、銑鉄から鉄鋼をつくるときに大量に使われます。化学産業でも、エチレンオキサイドを始めとして、多くの酸化反応で酸素を導入する小ブロックとして使われます。空気の中の20％は酸素なので酸化反応では、空気が使えれば酸素を使うより安価です。しかし触媒性能や排気ガス処理をも含めたプロセスの組み方で酸素を使う場合もしばしばあります。その他にも酸素は医療用に不可欠なガスです。

窒素はアンモニアの重要原料ですが、本来は反応性に乏しいガスなので小ブロックとしては利用できません。石油工場や化学工場では、プラントを停止する際に、プラント内に可燃性のガス、蒸気が残らないように安全な置換用ガスとして大量に使用されます。空気に触れて酸化皮膜ができることを嫌う半導体製造工程でも窒素ガスは使われます。

アルゴンは、元素周期表の一番右にある不活性ガスなので、窒素以上に安定なガスです。電球封入、溶接、半導体製造や金属精練に使われます。

●炭酸ガス、アセチレン

炭酸ガスは反応性が低いので有機化学品をつくる反応の小ブロックとして

はほとんど利用できません。液化炭酸として炭酸飲料の充填に、またアーク溶接のシールドガスに使われます。高濃度で不純物の少ない炭酸ガス源としては、化学産業での酸化反応の副生ガス、天然ガス・LPGから水素をつくる際の副生ガスなどが使われます。

　アセチレンは三重結合を持った炭化水素です。カーバイドと水からつくられ、もっぱら金属切断加工炎用に使われます。

●半導体材料ガス

　半導体製造過程では、シリコンウェーハーに特定の元素を付け加えたり、シリコンを取り除いたり（エッチング）、製造装置内を清浄にしたりと、様々な用途に半導体材料ガスが使われています（表2-9-1）。少量、多品種、高純度という点が、ほかの産業用ガスと異なりますが、近年需要が伸びています。

表2-9-1　様々な半導体材料ガス

用途	半導体材料ガス
半導体構造材料 （CVD工程、イオン化工程）	シラン、ジクロルシラン、アルシン、ジボラン、ゲルマン、フッ化リン、ホスフィン
半導体加工材料 （エッチング工程）	塩素、三塩化ホウ素、三フッ化窒素、三フッ化ホウ素、フッ化水素、塩化水素、六フッ化硫黄
機器洗浄用材料 （チャンバークリーニング）	三フッ化窒素

2-10 無機薬品、無機顔料

●非常に多彩な製品

　無機薬品の工業会には、日本無機薬品協会があります。その中の部会だけでも21あります。しかもひとつの部会で取り扱う化学製品が、ひとつのものから数十になるものもあります。様々な金属元素の酸化物、塩化物、硫酸化合物、硫化物、フッ化物、リン酸塩、有機酸塩などがある上に、過酸化水素、カーボンブラック、活性炭、リン酸、フッ酸のような金属元素を含まない無機薬品もあります（表2-10-1）。無機薬品には、有機化学品をつくるための小ブロックとして使われるものもありますが、その多くは各々が独自の性能を持った化学製品として使われています。このうち出荷金額の大きな製品を4つ紹介します。

●カーボンブラック

　無機薬品の中で、日本で出荷額が1千億円を超える製品は、カーボンブラックだけです。タイヤなどゴムの補強材として大量に使われるほか、印刷インキ、塗料などの黒色着色剤、樹脂の導電性付与剤として使われます。油や天然ガスを不完全燃焼させてつくります。

●酸化チタン

　チタンを含有する鉱石を塩酸で処理して得られる塩化チタンを経由してつくられます。白色の顔料として塗料や光沢を押さえた合成繊維（ダル品）をつくるために使われます。アナターゼ型など特定の結晶構造の酸化チタンは光触媒作用があるので、ガラスやタイルの表面に付けたり、特殊な塗料として活用されています。雨水で自動的に洗浄される表面ができます。

●活性炭

　活性炭は非常に表面積の大きな炭素製品です。この特性を生かして水処理、

ガス処理、溶剤回収、脱色精製、脱臭などに使われます。原料は木材、ヤシ殻、石炭で、原料を蒸し焼きにした後、高温水蒸気処理をすることにより多孔質構造をつくり上げます。

● 過酸化水素

製紙工業でのパルプ漂白や半導体製造工程でのウェーハ上の不要有機物（回路作成に使用後のレジスト）の酸化除去など工業的に使われるほか、家庭での衣料漂白剤や殺菌剤オキシドールとしても使われます。アントラキノン法と呼ばれる独特の方法で製造されます。

表 2-10-1　その他の主要な無機薬品

区分	製品	用途
アルミニウム化合物	硫酸アルミニウム、ミョウバン、ポリ塩化アルミニウム（PAC）	製紙、水処理
フッ素化合物	フッ化水素、フッ化ナトリウム、ケイフッ化ナトリウム	フルオロカーボン、フッ素樹脂・ゴム、金属表面処理
ケイ酸化合物	ケイ酸ナトリウム	土木建築、紙パルプ
	シリカゲル	乾燥剤
	ヒュームドシリカ（ホワイトカーボン）	樹脂・ゴムの添加剤、化粧品、歯みがき
	ゼオライト（結晶アルミノシリケート塩）	洗剤のビルダー、触媒、脱水剤、精製分離剤
リン化合物	赤リン、リン酸、三塩化リン、五塩化リン、縮合リン酸塩	マッチ、ボイラー清缶剤、難燃剤、食品添加物、農薬、医薬品
	リン酸エステル	可塑剤
無機顔料	黄鉛、群青、モリブデン赤、亜鉛華など多数	塗料、印刷インキ、樹脂着色剤
クロム塩類	重クロム酸ナトリウム、酸化クロム	メッキ
バリウム塩類	塩化物、炭酸塩、水酸化物、硫酸塩、酸化物	コンデンサー、X線造影剤

❗ アセチレンの化学製品体系

1-6節で1930年代から50年代にアセチレンを出発原料とした有機化学・高分子化学の製品体系が日本でもつくられたことを簡単に述べました。当時の化学と化学産業の最先進国であったドイツに遅れること約10年です。

この時代に原油が豊富に採れたアメリカでは、石油化学の製品体系がつくられていきましたが、石油資源を持たない日本やドイツは石炭を原料にした化学製品体系がつくられました。最初は石炭乾留の副産物であるコールタールの利用（ベンゼン、ナフタレンなど）でした。19世紀後半の合成染料、19世紀末の合成医薬品がその大成功例といえます。その後、石炭乾留の主製品であるコークス（製鉄用原料）を電気による高熱下で、石灰石と反応させてカーバイドをつくる工業が盛んになりました。赤熱したカーバイドを空気中の窒素と反応させて石灰窒素（化学肥料）にするためです。

一方、カーバイドに水を反応させると、三重結合を持った炭素2つの最も簡単な炭化水素であるアセチレンが得られるので、アセチレンを出発原料にした有機化学品、高分子化学品がつくられました。それは、プラスチック、合成繊維、合成ゴムなどの合成材料をつくる産業の始まりでしたので、合成染料や合成医薬品に比べて量的な面では、はるかに大きな産業になりました。

最初に発展したアセチレン化学の重要製品は、アセチレンと水の反応からつくられるアセトアルデヒドでした。これからさらに酢酸、無水酢酸、アセトンなど多くの有機化学品がつくられ、天然高分子であるセルロースと反応させてアセテートがつくられました。アセテートは繊維や写真フィルムとして利用されました。その後アセチレンからブタジエンや酢酸ビニル、塩化ビニルなどの合成高分子化学品の原料となる有機化学品がつくられるようになると、アセチレンの化学製品体系は大きく発展しました。石油化学の時代の前にプラスチックも合成ゴムもつくられていたことを忘れないでください。

第3章

有機化学品

基本ブロックを組み立てて、
少し複雑な化学構造の中くらいの大きさの
ブロックがつくられます。
このようなブロックは、そのまま溶剤として
使われるものもありますが、
多くは高分子化学品や医薬品・農薬のような
複雑な化学構造の物質を組み立てるために使われます。

3-1 有機薬品

●中間体として消費

　有機薬品は、基礎化学品（小ブロック）を原料としてつくられる中ブロックです。官能基が有機化学品の性能・機能を決めるので、官能基によって大きく分類されます。そのままで有機溶剤のように利用されるものもありますが、大部分は有機薬品同士をさらに反応させて、複雑な構造の有機薬品にし、界面活性剤、医薬品、農薬などを合成する原料や高分子化学品（大ブロック）をつくるための原料になります（図3-1-1、表3-1-1）。有機薬品をつくる反応の種類が非常に多いので、無機薬品以上に多彩な製品群が生まれます。しかし有機薬品は一般消費者がほとんど目にすることはなく、中間体として化学産業の中で消費されてしまいます。ここでは、有機溶剤（3-2節参照）、モノマー（3-3節参照）で紹介するもの以外の有機薬品のいくつかを紹介します。

●ホルムアルデヒド

　メタノールを酸化してつくられます。学校で生物標本用に使われたホルマリンは、ホルムアルデヒドの水溶液です。ペンタエリスリトールやウレタン原料MDIの合成に、またフェノール樹脂、ユリア樹脂、ポリアセタールなど高分子化学品の原料になります。展開範囲の広い中ブロックです。

●アセトアルデヒド

　エチレンを酸化してつくられます。酢酸、酢酸エチル、ペンタエリスリトールなど有機薬品の原料になる中ブロックです。

●酢酸

　お酢の主成分です。食品としてのお酢はエチルアルコールを原料に発酵法で製造されますが、化学製品としての酢酸は、エチレンを原料にアセトアルデヒドを経由して製造されます。メタノールと一酸化炭素を原料に酢酸を製

造する方法も工業化されています。酢酸は、酢酸ビニルや無水酢酸の原料になります。

図 3-1-1　有機薬品の体系

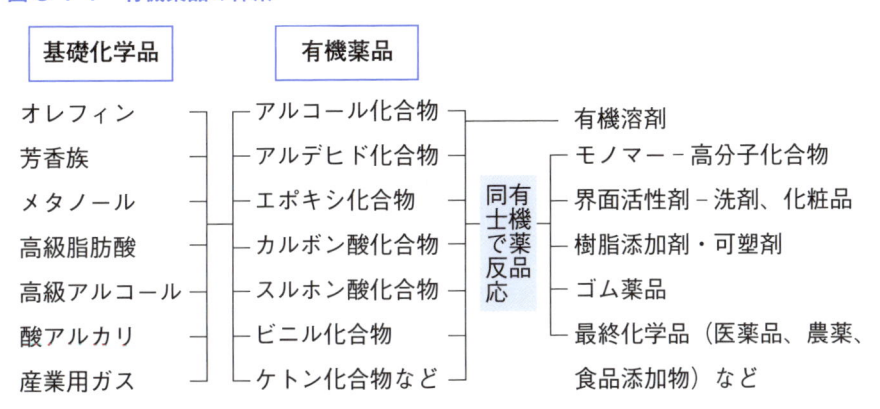

```
基礎化学品              有機薬品
オレフィン    ┐     ┌ アルコール化合物 ┐     ┌ 有機溶剤
芳香族       │     ├ アルデヒド化合物 │     ├ モノマー－高分子化合物
メタノール   │     ├ エポキシ化合物   │ 同有 ├ 界面活性剤－洗剤、化粧品
高級脂肪酸   ├────┤ カルボン酸化合物 │ 士機 ├ 樹脂添加剤・可塑剤
高級アルコール│     ├ スルホン酸化合物 │ で薬 ├ ゴム薬品
酸アルカリ   │     ├ ビニル化合物     │ 反品 │
産業用ガス   ┘     └ ケトン化合物など ┘ 応   └ 最終化学品（医薬品、農薬、
                                              食品添加物）など
```

表 3-1-1　有機薬品を合成する主な反応

反応	生成する有機薬品の種類
酸化反応	エポキシ、アルデヒド、ケトン、カルボン酸、有機過酸化物（パーオキサイド）、ニトリル
還元反応	アルコール、アミン
脱水素反応	ビニル化合物
水和反応	アルコール
加水分解反応	アルコール、カルボン酸
塩素化，脱塩化水素反応	有機塩素化物、エポキシ、イソシアネート
縮合反応	エステル、アミド
スルホン化反応	スルホン酸
ニトロ化反応	ニトロ化合物
転位，異性化反応	ラクタム

3-2 有機溶剤

●有機溶剤の用途

多くの有機化学品や高分子化学品は、水には溶けにくく、液状の有機化学品（有機溶剤）には溶解します（表3-2-1）。このため有機溶剤は、化学製品の製造工程で大量に使われています。特定の有機溶剤でなければ反応がスムーズに進まないこともあります。たとえばパラキシレンからテレフタル酸を合成する際の溶剤として酢酸が不可欠です。また高分子化学品を溶解する溶剤の開発は、繊維やフィルムを成形するために重要です。ポリアクリロニトリルを溶解してアクリル繊維を紡糸するための溶剤としてDMFやDMSOは有名です。ポリ塩化ビニルの溶剤としてはTHFがあります（図3-2-1）。ドライクリーニングや金属部品の洗浄に使われる塩素系溶剤は火災の危険性が低い有機溶剤です。

一方、溶剤のもうひとつの用途は、化学製品の構成要素となることです。塗料、接着剤、印刷インキは、高分子化学品（樹脂成分）や顔料に加えて溶剤が重要な構成要素です。顔料や高分子化学品を均一に分散、溶解させるばかりでなく、塗料や印刷インキとしての使いやすさを左右します。また、リチウムイオン二次電池に電解液として使われているエチレンカーボネートなどの有機溶剤は、電池性能（電圧や寿命など）を左右します。化粧品にも多くの有機溶剤が使われています。

●ヘキサン

ノルマルヘキサン、シクロヘキサンなどの炭化水素系溶剤は、典型的な非極性溶剤として、ゴムや脂肪など水になじまない物質をよく溶かします。分子内や官能基の内部での電子分布の偏りがあるとき極性があるといいます。非極性とは、電子分布の偏りがないことです。

● トルエン

ベンゼン、キシレンも非極性溶剤として使われますが、小ブロックとしての用途が少ないトルエンが最も大量に使われる有機溶剤です。

● 酢酸エチル

酢酸など低級脂肪酸のエステルは、ケトン類とともに極性溶剤としてよく使われます。接着剤を使う時に感じる匂いの元です。

● DMF、DMSO

ジメチルフォルムアミドDMF、ジメチルスルホキシドDMSO、アセトニトリル、テトラヒドロフランTHFなどは、極性の強い溶剤として有名です。

表 3-2-1　主要な有機溶剤

区分	種類	製品
非極性	非芳香族炭化水素	ノルマンヘキサン、シクロヘキサン、石油エーテル、流動パラフィン
	芳香族炭化水素	ベンゼン、トルエン、キシレン
極性	アルコール	メチルアルコール、エチルアルコール、イソプロピルアルコール（IPA）、グリセリン
	ケトン	アセトン、MEK、MIBK
	エーテル	ジエチルエーテル、テトラヒドロフラン（THF）、ジオキサン
	塩素系	塩化メチレン、クロルベンゼン、パークロロエチレン、トリクロロエチレン
	エステル	酢酸エチル、酢酸ブチル
	その他	NN-ジメチルホルムアミド（DMF）、ジメチルスルホキシド（DMSO）、エチレンカーボネート、N-メチルピロリドン

図 3-2-1　特徴ある溶剤の化学構造式

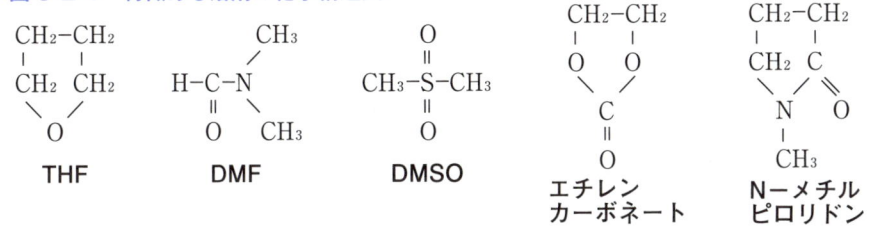

```
CH₂-CH₂          CH₃              O            CH₂-CH₂         CH₂-CH₂
 |    |          |                ||            |    |          |    |
CH₂  CH₂       H-C-N           CH₃-S-CH₃       O    O         CH₂   C
  \  /          ||  \             ||             \  /           \  / \\
   O            O   CH₃            O              C              N    O
                                                  ||             |
  THF           DMF              DMSO             O             CH₃
                                               エチレン        N-メチル
                                              カーボネート    ピロリドン
```

3・有機化学品

3-3 モノマー

●有機化学品の最大用途

　有機化学品が最も大量に使われている用途は、高分子化学品の原料です。高分子化学品（大ブロック）をポリマー、これに対してその構成要素となる有機化学品（小ブロック、中ブロック）をモノマーといいます。ポリエチレン、ポリプロピレン、ポリブタジエンは、基礎化学品（小ブロック）で紹介したエチレン、プロピレン、ブタジエンから直接つくられますが、ほかの高分子は有機化学品（中ブロック）を経由してつくられます。ビニル基のような二重結合、エポキシ基のような反応性の高い環をもつ有機化学品が、または分子内に官能基を2つ以上持つ有機化学品がモノマーになります。

　生産量の大きいモノマーを紹介します（図3-3-1、図3-3-2、表3-3-1）。

●スチレン（StまたはSM）

　ポリスチレン、ABS樹脂などのスチレン系樹脂、スチレンブタジエンゴムSBRの原料になるほか、不飽和ポリエステル樹脂の架橋用（硬化）成分としても使われます。エチレンとベンゼンを原料にエチルベンゼンをつくり、これを単純に脱水素してつくります。エチルベンゼンをいったんエチルベンゼン過酸化物にして、これをプロピレンと反応させてスチレンとプロピレンオキサイドを同時に生成する方法もあります。

●塩化ビニル（MVCまたはVCM）

　ポリ塩化ビニルの原料として大量に製造されています。エチレンと塩素を反応させて二塩化エチレンEDCをつくり、次にこれを熱分解して塩化ビニルと塩酸をつくります。塩酸は再利用され、エチレンと空気（または酸素）とともにオキシクロリネーション反応で二塩化エチレンEDCと水にします。塩酸を途中で抜き出して水に吸収させれば副生塩酸となります。

●エチレンオキサイド（EO）とエチレングリコール（EG）

　銀触媒によってエチレンを酸素で直接酸化してエチレンオキサイド（酸化エチレン）をつくることができます。一方、酸化プロピレンは、プロピレンの直接酸化がいまだに工業化できていません。塩素水を使う方法やスチレンの項で述べたエチルベンゼン過酸化物を使う方法でつくられています。

　エチレンオキサイド（EO）は、非常に反応性の高い中ブロックです。EOと水を反応させると、エチレングリコール（EG）が生成します。EGは、ポリエステル繊維、PET樹脂の原料モノマーです。EOを重合するとポリエチレングリコールになります。冷却剤などに使われる含水性の高分子です。高級アルコールと反応させると、ポリオキシエチレンアルキルエーテル（AE）になります。ポリエチレングリコールと高級アルコールからできたエーテルです。これは代表的な非イオン界面活性剤です。

●テレフタル酸（PTA）

　パラキシレンの酸化によって、テレフタル酸がつくられます。ベンゼン環に付いているメチル基をひとつ酸化することは容易ですが、残りのメチル基を直接酸化することは困難でした。このためメチルエステルを経由する方法など様々な酸化法が研究された結果、ついにコバルト-マンガン系触媒、臭素化合物助触媒、溶剤として酢酸という組み合わせで直接酸化に成功しました。テレフタル酸は、ポリエステル繊維、PET樹脂の原料となります。

●アクリロニトリル（AN）

　プロピレンとアンモニアを空気酸化する方法でアクリロニトリルは生産されます。副生物として青酸HCNとアセトニトリルCH_3CNが生成するので、これも回収して有効利用します。ANは、アクリル繊維、ABS樹脂、合成ゴムNBR、アクリルアミドなどの原料になる中ブロックです。

●カプロラクタム

　カプロラクタムは、6-ナイロンの原料となる中ブロックです。昔から様々な製造方法が工夫されてきました。現在ではベンゼンを水素添加してシクロ

3・有機化学品

ヘキサンに、次に酸化してシクロヘキサノン、これにヒドロキシルアミン硫酸塩を反応させてオキシムにし、最後に発煙硫酸を用い、ベックマン転位によってε-カプロラクタムとする製造法が主流です。小ブロックの骨格変換、官能基の追加、変換技術が駆使さた合成法です。

●フェノール

　フェノールは、フェノール樹脂の原料となるほか、アセトンとの反応でつくられるビスフェノールA（BPA）がポリカーボネートやエポキシ樹脂の原料として使われます。フェノールはベンゼンにOH基が付いただけの構造なので、昔からベンゼンの直接酸化による製造法が研究されてきました。しかし、それはいまだに工業化できていません。現在主流の方法はクメン法です。これは、ベンゼンとプロピレンからクメンをつくり、次にクメン過酸化物（クメンハイドロパーオキサイド）にし、これを酸で分解してフェノールとアセトンを得るという迂回した方法です。

図 3-3-1　二重結合を持つ代表的なモノマーの構造式

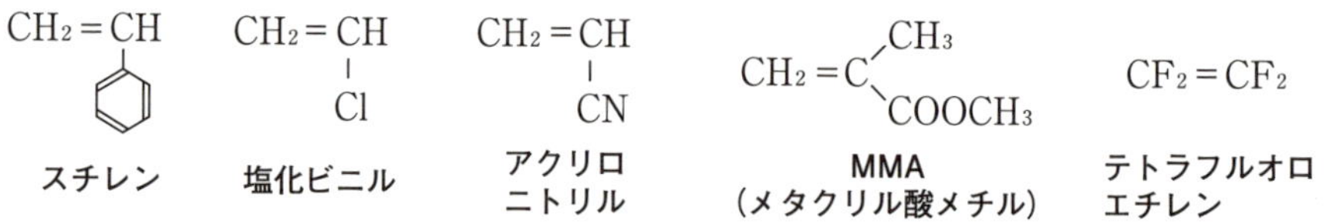

$CH_2=CH$	$CH_2=CH$	$CH_2=CH$	$CH_2=C\begin{smallmatrix}CH_3\\COOCH_3\end{smallmatrix}$	$CF_2=CF_2$
(ベンゼン環)	| Cl	| CN		
スチレン	塩化ビニル	アクリロニトリル	MMA（メタクリル酸メチル）	テトラフルオロエチレン

図 3-3-2　多官能基を持つ代表的モノマーから高分子化学品の生成反応

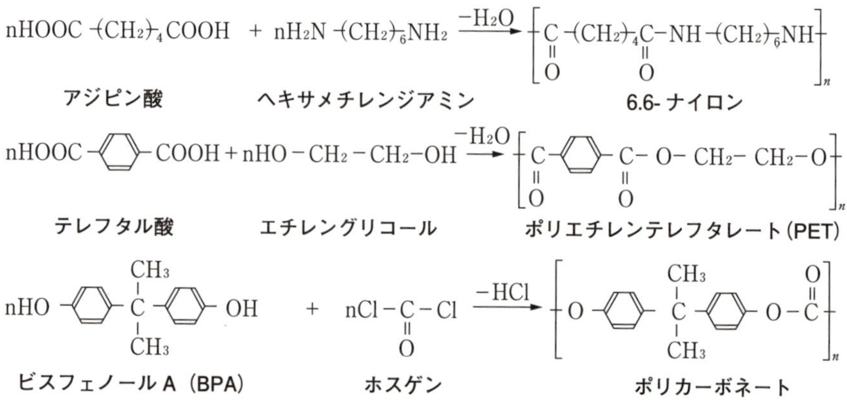

$$nHOOC-(CH_2)_4-COOH + nH_2N-(CH_2)_6-NH_2 \xrightarrow{-H_2O} \left[\begin{smallmatrix}C-(CH_2)_4-C-NH-(CH_2)_6-NH\\ \| \quad\quad\quad\quad \|\\ O \quad\quad\quad\quad O \end{smallmatrix} \right]_n$$

アジピン酸　　　　ヘキサメチレンジアミン　　　　　　6.6-ナイロン

$$nHOOC-\bigcirc-COOH + nHO-CH_2-CH_2-OH \xrightarrow{-H_2O} \left[\begin{smallmatrix}C-\bigcirc-C-O-CH_2-CH_2-O\\ \| \quad\quad\quad \|\\ O \quad\quad\quad O \end{smallmatrix} \right]_n$$

テレフタル酸　　　　エチレングリコール　　　　　　ポリエチレンテレフタレート(PET)

$$nHO-\bigcirc-\underset{CH_3}{\overset{CH_3}{C}}-\bigcirc-OH + nCl-\underset{O}{\overset{\|}{C}}-Cl \xrightarrow{-HCl} \left[O-\bigcirc-\underset{CH_3}{\overset{CH_3}{C}}-\bigcirc-O-\underset{}{\overset{O}{\|}}C \right]$$

ビスフェノールA（BPA）　　　ホスゲン　　　　　　　ポリカーボネート

表 3-3-1　代表的なモノマーと対応する高分子化学品

種類	モノマー（略号）	高分子化学品
二重結合	エチレン（EL）	ポリエチレン、合成ゴム EPR
	プロピレン（PL）	ポリプロピレン、合成ゴム EPR
	ブタジエン	合成ゴム BR,SBR、ABS 樹脂
	イソプレン	合成ゴム IR
	塩化ビニル（MVC）	ポリ塩化ビニル
	スチレン（SM）	ポリスチレン、ABS、SBR
	アクリロニトリル（AN）	アクリル繊維、ABS 樹脂
	アクリル酸エステル	ポリアクリル酸エステル
	メタクリル酸メチル（MMA）	PMMA
	テトラフルオロエチレン	フッ素樹脂
	酢酸ビニル	ポリ酢酸ビニル、PVA
反応性の高い環	エチレンオキサイド（EO）	ポリエチレングリコール、ポリアセタール
	プロピレンオキサイド（PO）	ポリプロピレングリコール→ポリウレタン
	カプロラクタム	ナイロン（ポリアミド）
多官能基	アジピン酸とジアミン類	ナイロン（ポリアミド）
	テレフタル酸（PTA）とジオール類	PET、PBT
	ジイソシアネート（TDI、MDI）とジオール類	ポリウレタン
	無水フタル酸, 無水マレイン酸とジオール類	不飽和ポリエステル
	ビスフェノール A とホスゲン	ポリカーボネート
	ビスフェノール A とエピクロルヒドリン	エポキシ樹脂
その他	フェノールとホルムアルデヒド	フェノール樹脂
	尿素とホルムアルデヒド	ユリア樹脂
	置換クロルシランと水	ケイ素樹脂

3-4 界面活性剤

●界面活性剤とは

　分子の中に水に溶けやすい部分（親水基）と油に溶けやすい部分（親油基または疎水基）を持ち、2つの物質の間（界面）に集まって界面の性質を著しく変化させる性能をもった化学物質（中ブロック）を界面活性剤といいます。界面としては、液体と液体のみならず、液体と固体、液体と気体の間でも構いません（図3-4-1）。

図 3-4-1　界面活性剤の分子モデルと集まり方

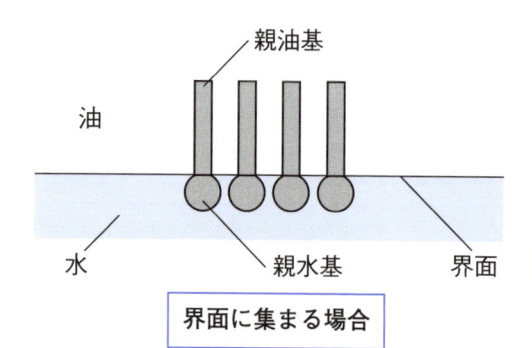

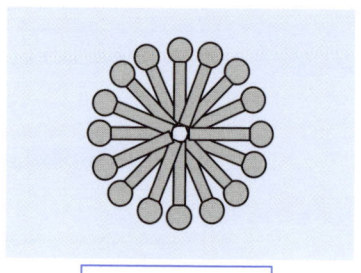

- 親油基
- 油
- 水
- 親水基
- 界面

界面に集まる場合

水中で集まってミセルを形成

● 4 種類の界面活性剤

　界面活性剤を水に溶かした時、親水基の構造から4種類に分けられます。親水基が解離して、マイナス電荷を持つものをアニオン界面活性剤、プラス電荷を帯びるものをカチオン界面活性剤といいます。これ以外に、マイナス電荷とプラス電荷の両方を持つものがあり、これを両性界面活性剤といいます。さらに親水基が解離せず、水素結合によって親水性を発揮するものを非イオン（ノニオン）界面活性剤といいます（図3-4-2）。

図 3-4-2　代表的な界面活性剤の化学構造式

■は親油基、■は親水基

(1) アニオン界面活性剤	
高級脂肪酸塩（石けん）	$CH_3-(CH_2)_n-COONa$
アルキルベンゼンスルホン酸塩（LAS）	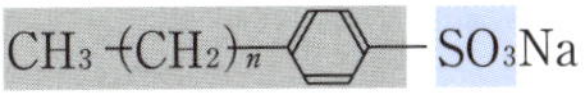 $CH_3-(CH_2)_n-C_6H_4-SO_3Na$
α-オレフィンスルホン酸塩（AOS）	$R-CH=CH-(CH_2)_n-SO_3Na$
高級アルコール硫酸エステル塩（AS）	$CH_3-(CH_2)_n-O-SO_3Na$
ポリオキシエチレンアルキルエーテル硫酸塩（AES）	$R-(OCH_2CH_2)_n-OSO_3Na$

(2) カチオン界面活性剤	
脂肪族4級アンモニウム塩	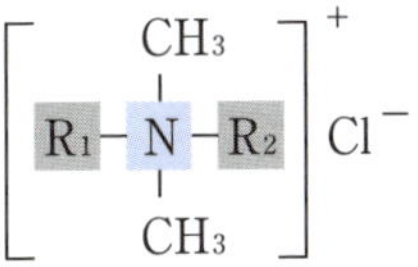 $\left[\begin{array}{c}CH_3\\R_1-N-R_2\\CH_3\end{array}\right]^+ Cl^-$
塩化ベンザルコニウム（BZC）	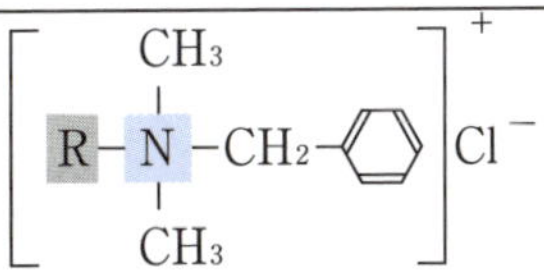 $\left[\begin{array}{c}CH_3\\R-N-CH_2-C_6H_5\\CH_3\end{array}\right]^+ Cl^-$

(3) 両性界面活性剤	
カルボキシベタイン	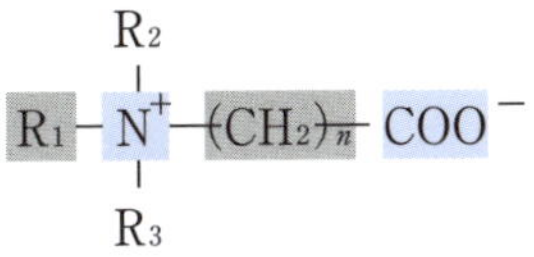 $\begin{array}{c}R_2\\R_1-N^+-(CH_2)_n-COO^-\\R_3\end{array}$

(4) 非イオン（ノニオン）界面活性剤	
ポリオキシエチレンアルキルエーテル（AE）	$CH_3-(CH_2)_n-O-(CH_2CH_2O)_m-H$
ポリエチレングリコール脂肪酸エステル	$CH_3-(CH_2)_n-COO-(CH_2CH_2O)_m-H$

3・有機化学品

●界面活性剤の様々な機能

　界面活性剤というと、洗剤を思い出すと思います。洗浄は界面活性剤の機能のひとつであり、最大の用途です。洗浄は界面活性剤が持つ各種機能が総合化されたものです。洗浄の第1段階は、界面活性剤が汚れに吸着し、汚れを水にぬれやすくし、水を浸透させます（湿潤・浸透機能）。第2段階は汚れを細かくし、その周りを界面活性剤分子が取り囲み、汚れを繊維から引き剥がして水中に分散させます（分散・乳化機能）。第3段階は、起泡によって汚れを泡の表面に取り込み、繊維などへの再汚染を防ぎます（起泡・消泡機能）。

　界面活性剤のその他の機能としては、家庭で洗濯する時に使用する柔軟仕上げ剤やヘアリンスに活用される柔軟機能、さらに殺菌・抗菌機能、防錆機能、帯電防止機能などがあります。洗浄機能を活用した化学製品である洗剤は7-5節で、帯電防止機能は3-5節で紹介しますので、それ以外の機能の活用例を紹介します。

●湿潤・浸透機能

　乳化状の農薬（乳剤）や水に溶解する農薬（水和剤）では、ポリエーテル変性シリコーン（非イオン界面活性剤）やジオクチルスルホコハク酸ナトリウム（アニオン界面活性剤）が使われています。水をはじく葉や昆虫の表面へのぬれ、浸透をよくするためです。

　また水系エマルション塗料の製造では、水にぬれにくい顔料を水になじませ、分散よく混合するために、ポリオキシエチレンアルキルエーテル（非イオン界面活性剤）などが配合されます。

●分散・乳化機能

　皮膚に水分と油分を補うために使われる化粧品として乳液やクリームがあります。エタノールを少量加えた水に少量の油を乳化させてつくりますが、その際に非イオン界面活性剤を配合します。

　繊維を紡糸したり、織ったりする際に使われる繊維油剤も水に油を乳化させたエマルションで使いますが、これにも界面活性剤が不可欠です。

●起泡・消泡機能

　泡の安定性は、気体と液体の界面の性質によって左右されます。泡消火剤には、ドデシル硫酸ナトリウムなどアニオン界面活性剤が起泡剤として使われています。ウレタンフォームの製造では、ポリエーテル変性シリコーン（非イオン界面活性剤）を使って均質な泡をつくります。

　一方、紙パルプ産業では、パルプ製造工程でも抄紙工程でも泡が発生しやすいので、非イオン界面活性剤を使って消泡しています。排水処理においても泡の発生を抑えるために非イオン界面活性剤が使われます（図3-4-3）。

図3-4-3　泡と界面活性剤

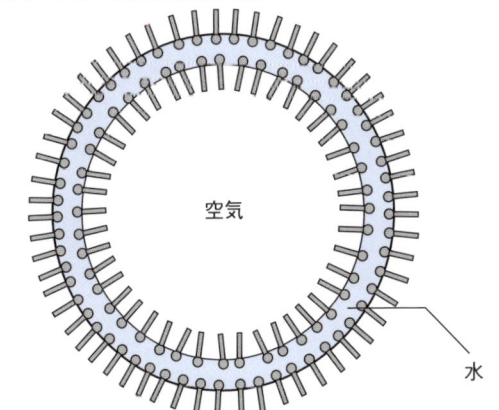

泡の安定・不安定要因
（1）泡膜の弾性
（2）表面の粘性
（3）泡膜からの空気のぬけ
（4）電気二重層

（1）～（4）にプラスに作用して膜層を安定させる界面活性剤は起泡剤になります。マイナスに作用すると消泡剤になります。

●殺菌・抗菌機能、防錆機能

　微生物の細胞膜は一種の界面活性剤の並びでできているので、この並びを壊す界面活性剤は殺菌・抗菌作用を発揮します。殺菌・抗菌機能を持った界面活性剤としては塩化ベンザルコニウムBZC、塩化ジデシルベンジルコニウムDDAC（いずれもカチオン界面活性剤）が有名です。また、両性界面活性剤にも殺菌・抗菌機能があります。

　一方、界面活性剤が金属表面に付着、配列し、長い疎水基が均質に並ぶことによって、水や酸素と金属表面の接触を遮断し、錆の発生を防ぎます。ドデカン二酸塩やアルケニルコハク酸塩（アニオン界面活性剤）、アルキルアミンエチレンオキサイド付加物（非イオン界面活性剤）などの界面活性剤が、機械加工工場では防錆剤として使われています。

3-5 樹脂添加剤

●樹脂添加剤とは

　プラスチックは、成形加工時に着色したり（着色剤）、発泡したりする（発泡剤）ことがあります。強度を高めるために充填材・補強材を加えることも理解しやすいと思います。しかし、それ以外にも様々な樹脂添加剤が使われています。量として多いのが可塑剤ですが、これは次の節で説明します。

　まず、プラスチックの劣化を防ぐため、安定剤、酸化防止剤、紫外線吸収剤がほとんどのプラスチックには加えられています。また必要に応じて帯電防止剤、難燃剤、防カビ剤・抗菌剤が使われます。成形加工時のプラスチックの流動性をよくするために滑剤が、さらに金型から成形品の取り出しをよくするために離型剤が使われます。

　このようにプラスチックの性能を変更・改善したり、加工しやすくしたりするために使われる薬品・材料を樹脂添加剤といいます。

●充填材・補強材

　充填材、補強材を加えると、プラスチックの強度は著しく向上します。繊維・布状の充填材を大量に加えたプラスチック成形品は、複合材料としてFRP（繊維強化プラスチック）と呼ばれます。そこまで多くなくても、粉状や繊維チップ状の充填材・補強材を加えることはしばしば行われます（表3-5-1）。

表 3-5-1　充填材・補強材

形態	材料
布状（クロス）、フェルト状、長繊維状	ガラス繊維、合成繊維、綿、麻、炭素繊維
短繊維状、繊維チップ状	ガラス繊維、合成繊維、パルプ
粉状	炭酸カルシウム（石灰）、シリカ（ケイ砂）タルク（滑石）、クレー（カオリン）、酸化チタン、カーボンブラック

●着色剤

　プラスチックを繊維のように染色することは、ごく一部の例外を除いてできません。そこで成形加工時に着色顔料をプラスチックに混合することによって着色します。しかし粉体の顔料を均質に混合することは難しく、手間がかかるために、多くの場合、あらかじめプラスチックと顔料を濃厚に混合し粒状にしたもの（マスターバッチ）を着色剤として使います（図3-5-1）。

図3-5-1　マスターバッチ

（写真提供：株式会社コバヤシ）

●有機発泡剤

　発泡は、プラスチックにあらかじめガスが加えられていたり（発泡性ポリスチレン）、発泡ポリウレタンのようにモノマーの一部が分解して気体が発生したりする場合もありますが、多くは有機発泡剤を使います。有機発泡剤は、一定の温度になると分解して窒素ガスを発生するような化合物が使われています。

●滑剤

　プラスチックを成形加工する際に、高分子同士の摩擦を減らして、摩擦熱の発生を防ぐために加えられる添加剤が滑剤です。高級脂肪酸、高級アルコール、金属石けんなどが使われます。フィルム、シートなどでは、アンチブロッキング性（平面同士が張り付かないようにすること）を高める効果も出ます。

●安定剤・酸化防止剤・紫外線吸収剤

　プラスチックを成形加工する際に、ある程度の高温にさらされると高分子が劣化します。特にポリ塩化ビニルは、成形加工時の熱で分解して塩化水素を発生しやすいので安定剤の配合が不可欠です。

　また、プラスチックは、熱、光、酸素によって、高分子の一部が切断され、ラジカルという反応性の高い化学種が発生すると連鎖反応を起して劣化します。酸化防止剤は、ラジカルと反応して安定化させる機能を持った化学薬品（主にフェノール系、硫黄系、リン酸系化合物）です。紫外線吸収剤は、高分子を切断するような高いエネルギーを持つ紫外線を吸収する化学薬品（主にサリチル酸系、ベンゾトリアゾール系、ベンゾフェノン系化合物）です（図3-5-2、図3-5-3）。

図 3-5-2　代表的な安定剤・酸化防止剤の化学構造

$(C_{17}H_{35}COO)_2Zn$

ステアリン酸亜鉛

安定剤・滑剤

BHT (2,6-ジ-t-ブチル-p-クレゾール)

酸化防止剤

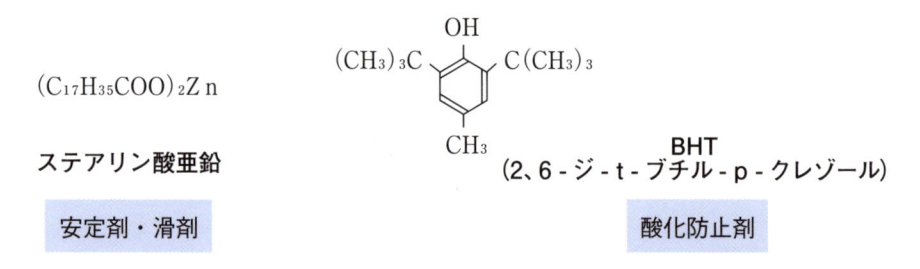

図 3-5-3　代表的な紫外線吸収剤の骨格となる有機化学品の構造

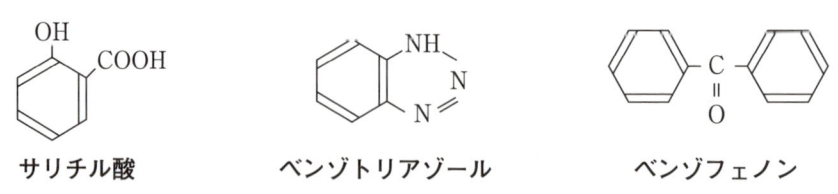

サリチル酸

ベンゾトリアゾール

ベンゾフェノン

紫外線吸収剤は、この骨格に様々な官能基が付いた複雑な構造をしています。

●帯電防止剤

　プラスチックは絶縁体が多いので、帯電しやすく、しかも帯電するとホコリを吸着するので表面が汚れやすくなります。合成繊維の衣服が帯電すると、ドアの開閉時などに放電したり、身体に衣服がまとわり付いたりと不快なものです。電子機器では電子回路が損傷することもあるので、プラスチックの帯電は非常に嫌われます。

　従来は低分子型帯電防止剤として4種類の界面活性剤が用途に応じて使い分けられてきました。合成繊維には、表面塗布型のアニオン界面活性剤がよく使われてきました。

　しかし低分子型帯電防止剤は、効果の持続性やプラスチック表面特性（印刷しやすさ、接着しやすさなど）に影響するという欠点がありました。最近は、ポリエーテルエステル系やポリスチレンスルホン酸系など界面活性剤を高分子構造に取り込んだ高分子型帯電防止剤が開発され、普及してきました。

●難燃剤

　プラスチック用難燃剤としては、ハロゲン系（臭素、塩素）とリン系の2種類があります。TBBAなどの臭素系難燃剤は効果が高く、よく利用されています。またリン系でもハロゲンを含んだリン酸エステルがよく使われます。

●防カビ剤・抗菌剤

　プラスチック表面で増殖し、プラスチックを変形、劣化させるカビがいます。このため、プラスチック建材、電線被覆、配線基板、パッキン、シャワーカーテンなどには、防カビ剤が使われます。

　一方、最近は清潔志向の高まりからプラスチックに抗菌剤を練り込むこともよく行われるようになりました。抗菌剤としては、カチオン界面活性剤、両性界面活性剤、銀担持セラミックスが使われます。

3-6 可塑剤

●可塑剤の役割

　低分子と同じように熱可塑性高分子は、加熱して融点に達すると溶融します。しかし高分子には、もうひとつ特徴的な変化をする温度があります。高分子を引っ張りながら温度を上げていくと、融点で強度がなくなるのは当然ですが、融点より低い温度で急に強度が弱くなる点があります。これがガラス転移点と呼ばれるものです。高分子化学品を使用する際には重要な指標です。融点よりはるかに低い温度でも、高分子成形加工品が変形してしまう可能性があるからです。

　融点以上の温度では、高分子鎖は自由に動きます。低分子物質は、融点以下では結晶化します。しかし、高分子の場合、融点とガラス転移点の間では、一部結晶化したところ以外の分子鎖はまだ動けます。ガラス転移点以下の温度になると分子鎖は完全に動けなくなり、材料としての強度が発現します。

　可塑剤は、高沸点の有機溶剤です。高分子と混合するとガラス転移点以下の温度でも、高分子鎖が可塑剤の中をある程度は動けるようになり、硬いプラスチックが柔らかいプラスチックになります。特にポリ塩化ビニルは、常温では本来硬いプラスチックですが、可塑剤によって軟質製品が生まれ、広く使われています（表3-6-1）。

●フタル酸エステル系可塑剤

　可塑剤の中で最も大量に使用されています。オルソキシレンの酸化によってつくられる無水フタル酸とアルコールからつくられます。特にアルコール炭素数が8の2－エチルヘキサノール（オクチルアルコール）を使ったDOP（DEHP）が最も多く使われます。

　フタル酸エステル系可塑剤は大量に使われるので、環境中から検出されることが多く、その安全性に関しては昔から様々な議論が繰り返されてきました。食品衛生法では、ラップフィルムなどに規格基準が定められているほか、

おもちゃへの DOP を含有したポリ塩化ビニルの使用が禁止されました。このためフタル酸系でない脂肪酸系、リン酸系、エポキシ化大豆油などが使われる場合もあります（図 3-6-1）。

表 3-6-1 可塑剤の種類と代表的な製品

種類	製品
フタル酸系	フタル酸 2- エチルヘキシル（DOP 又は DEHP） フタル酸イソデシル（DIDP）
脂肪酸系	アジピン酸 2- エチルヘキシル（DOA） セバチン酸 2- エチルヘキシル（DOS）
リン酸エステル系	リン酸トリ 2- エチルヘキシル（TOP）
エポキシ化系	エポキシ化大豆油
その他	塩素化パラフィン（難燃剤にもなります） 脂肪族系ポリエステル

図 3-6-1 代表的可塑剤の化学構造

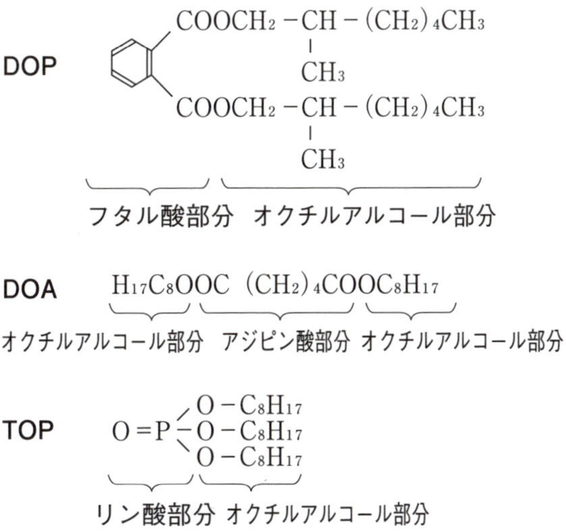

DOP

$$\text{C}_6\text{H}_4\begin{cases}\text{COOCH}_2-\text{CH}-(\text{CH}_2)_4\text{CH}_3\\\quad\quad\quad\ \ |\\\quad\quad\quad\ \ \text{CH}_3\\\text{COOCH}_2-\text{CH}-(\text{CH}_2)_4\text{CH}_3\\\quad\quad\quad\ \ |\\\quad\quad\quad\ \ \text{CH}_3\end{cases}$$

　　フタル酸部分　オクチルアルコール部分

DOA　$H_{17}C_8OOC\ (CH_2)_4COOC_8H_{17}$

オクチルアルコール部分　アジピン酸部分　オクチルアルコール部分

TOP　$O=P\begin{cases}O-C_8H_{17}\\O-C_8H_{17}\\O-C_8H_{17}\end{cases}$

　　リン酸部分　オクチルアルコール部分

3-7 ゴム薬品

●樹脂添加剤との違い

　ゴム薬品は、ゴムの成形加工時に使われる有機化学品です（表3-7-1）。天然ゴムを使ったゴム加工は、プラスチック成形加工よりも50年以上も早く始まりました。天然ゴムや合成ゴムの主流を占めるスチレンブタジエンゴム、ポリブタジエンゴムなどのジエン系ゴム（4-12節参照）の加工には、プラスチックにない独特の加工工程があります。加硫です（加硫の意味については、4-12節参照）。加硫剤、加硫促進剤、スコーチ防止剤は加硫に関連した薬品で、プラスチック添加剤にはありません。

●加硫剤

　硫黄のほか、ジエン系ゴム以外の合成ゴムでも架橋できるパーオキサイド架橋剤があります。

●加硫促進剤

　加硫は時間がかかる反応なので、これを10分の1以下に短縮するために加える薬品です。非常にたくさんの有機化学品が開発されています。

●スコーチ防止剤

　ゴムは加硫してしまうと、3次元の架橋高分子になるので、その後は成形できなくなります。成形加工した最後に加熱して加硫を完成させる必要があります。加硫前のゴムを練ったり、薬品を混合したりする間に温度が上がり、勝手に加硫反応が始まることを押さえる薬品がスコーチ防止剤です。

●補強材・カップリング剤

　特にゴムの補強材として有効なのはカーボンブラックです。カーボンブラックの表面にゴム分子が反応して結合するので強度が高まります。ホワイ

トカーボンやタイヤコードのような補強材を使うときは、補強材とゴムの化学結合をつくるために、カップリング剤を使います。

●老化防止剤

輪ゴムが少し古くなると硬くなって弾性を失うことを経験したことがあると思います。加硫後のゴム分子にはなお二重結合がたくさん残っているために、ゴム製品はプラスチック以上に熱、光、酸素による劣化が起りやすく、ラジカルを除去するために老化防止剤は不可欠です。老化防止剤として非常にたくさんの種類の薬品が開発されています。

表 3-7-1　多彩なゴム薬品

種類	主要な製品
加硫剤	硫黄、パーオキサイド架橋剤
加硫促進剤	アルデヒドアミン系、グアニジン系、チアゾール系、チオウレア系
スコーチ防止剤	N-ニトロソジフェニルアミン、無水フタル酸
補強材・充填材	カーボンブラック、ホワイトカーボン、カオリン
カップリング剤	シラン系、チタン系
老化防止剤	アミン-ケトン系、芳香族第2級アミン系、モノフェノール系、ビスフェノール系、ポリフェノール系、ベンズイミダゾール系
ラテックス凝固剤	硝酸カルシウム、酢酸シクロヘキシルアミン塩
軟化剤	アジピン酸ポリエステル系、アルキルスルホン酸エステル系
滑剤	ペンタエリスリトールステアリン酸エステル、パラフィンワックス、炭酸カルシウム混合物
離型剤	シリコーン系、フッ素樹脂系

❗ 有機化学品？　無機化学品？

　金属や金属塩は典型的な無機化学品です。一方、1-4節で有機化学品とは炭素化合物であると説明しました。ところが両者はきっちり区別できるものではありません。金属と炭素化合物が結合した有機金属化合物や金属錯体という中間的な化合物があります。

　有機金属化合物は、すでに第1章のコラムで、ノーベル賞受賞者の根岸英一、鈴木章先生の業績の説明に書かれた有機亜鉛化合物や有機ホウ素化合物が該当します。4-2節の高密度ポリエチレン、4-3節のポリプロピレンをつくるチーグラー・ナッタ触媒の原料となるアルキルアルミニウム（7-13節参照）も有機金属化合物です。一方、第5章のコラムで紹介する水俣病の原因となったメチル水銀は、つくるつもりではなかったけれども別の製品をつくるときに微量ですが一緒にできて（副生）しまった有機金属化合物です。有機金属化合物は反応性の高い化合物が多いので、そのままの形で身のまわりの化学製品として使われることはありませんが、陰で様々な化学製品を支えています。

　金属錯体は、金属イオンと有機化合物からできた化合物です。第1章のコラムでノーベル賞受賞者の野依良治先生がつくった不斉触媒は、BINAPというキラル（7-3節参照）な有機化合物と金属イオン（パラジウム、ロジウム、ルテニウムなど）からできた金属錯体です。このように金属錯体は多くの反応の優れた触媒として広く使われています。また7-9節で紹介する染料、顔料としても使われています。身近なところでは、CD-RやDVD-Rの記録面に塗られている機能性色素が金属錯体です。

第4章

高分子化学品

身のまわりにたくさん使われている
プラスチック製品やゴム製品の材料が高分子化学品です。
数種類のブロックが数千、数万とつながった
非常に大きな化学構造をしています。
ブロックの違いだけでなく、つながり方の違いによっても、
様々なプラスチックやゴムが
生み出されていくことを説明します。

4-1 プラスチック、ゴム

●高分子化学品

　おおよそ分子量1万以上の化合物を高分子化合物といいます。基礎化学品（小ブロック）や有機化学品（中ブロック）（モノマー）をつなげて出来上がった大ブロック（ポリマー）です。高分子化合物は、気体にならず、また結晶として取り出すこともできにくくなるので蒸留、再結晶などによって分離精製することがほとんどできなくなります。一方、弾性、粘性が大きくなり、フィルムなど一定の形にすることができるので、高分子化学品（プラスチック、合成樹脂）として利用できるようになります。

●天然高分子とその利用

　高分子化合物が実在することが広く認められるようになったのは、1930年代です。それまではタンパク質などは、化学結合ではなく、小さな分子が集合しているだけと考えられていました。

　天然には、セルロース、タンパク質、DNAやRNA、天然ゴム、乾燥後の漆や乾性油（アマニ油、桐油）など多くの天然高分子があります。しかし、天然高分子のままでは、プラスチックのような成形材料にも、塗料や接着剤のような材料としても使いにくいものです。

　セルロースを硝酸と反応させてできるニトロセルロースは、可塑剤となる樟脳を混ぜると成形しやすい材料になります。1870年代にアメリカで誕生したセルロイドです。また、有機溶剤に溶かした後、塗料として塗ることもできることがわかりました。さらに1880年代には有機溶剤に溶かした溶液を細い孔から押し出して糸にすることもできるようになりました。化学繊維レーヨンの誕生です。このように天然高分子を化学的に処理して、扱いやすい材料として利用することが19世紀後半に始まりました（図4-1-1）。

図 4-1-1　高分子化学品の代表的な合成法

（1）二重結合が反応してつながっていく方法（付加重合）

オレフィンやビニル化合物 （エチレン、プロピレン、スチレン、酢酸ビニル、塩化ビニル、アクリロニトリル、アクリル酸類、フルオロエチレン）	$\diagup C = C \diagdown \longrightarrow -(C-C)_n-$
ジエン化合物 （ブタジエン、イソプレン、クロロプレン）	$\diagup C = CH - CR = C \diagdown \longrightarrow -(C-CH=CR-C)_n-$

（注）反応中の活性種によってラジカル重合とイオン重合（カチオン重合、アニオン重合）があります。特殊な金属系触媒を用いて配位アニオン重合により、立体規制性高分子を合成します。

（2）環が開いてつながっていく方法（開環重合）

エチレンオキサイド、プロピレンオキサイド	$\underset{O}{C-C} \longrightarrow -(C-C-O-)_n$
ラクタム化合物 （カプロラクタム）	$\begin{pmatrix} NH - CO \\ (CH_2)_n \end{pmatrix} \longrightarrow -(NH-(CH_2)_n-CO)_n-$

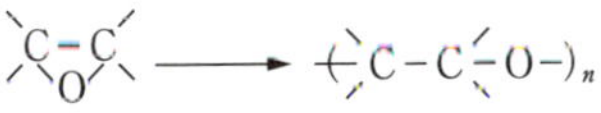

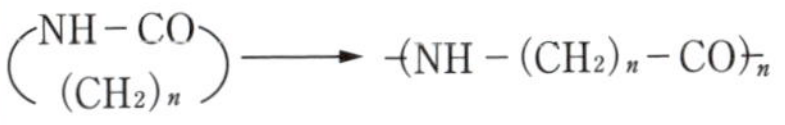

（3）官能基が反応しながら、水などの小分子が除かれて（縮合）新しい結合（別の官能基）をつくりながらつながっていく方法（縮合重合）

酸とアルコールから水がとれてエステル結合が生成 （テレフタル酸／ジオール、無水フタル酸／ジオール）	$HOOC-A-COOH$ $HO-B-OH$ $\xrightarrow{-H_2O}$ $-(CO-A-\underbrace{CO-O}_{エステル結合}-B-O)_n-$
酸とアミンから水がとれてアミド結合が生成 （アジピン酸／ジアミン）	$HOOC-A-COOH$ $H_2N-B-NH_2$ $\xrightarrow{-H_2O}$ $-(CO-A-\underbrace{CO-NH}_{アミド結合}-B-NH)_n-$
アルコールから水がとれてエーテル結合が生成 （シラノール）	$R_2Si(OH)_2 \xrightarrow{-H_2O} -(\underset{R}{\overset{R}{Si}}-\underbrace{O}_{エーテル結合})_n-$

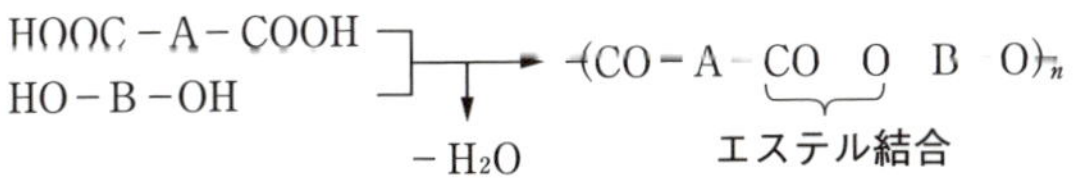

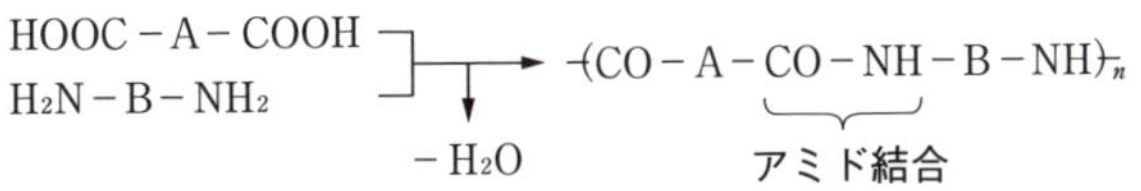

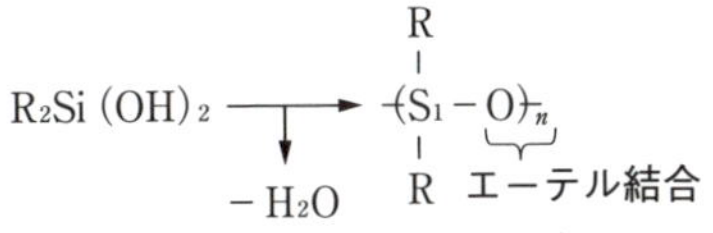

（4）付加と縮合をくり返していく方法（付加縮合）

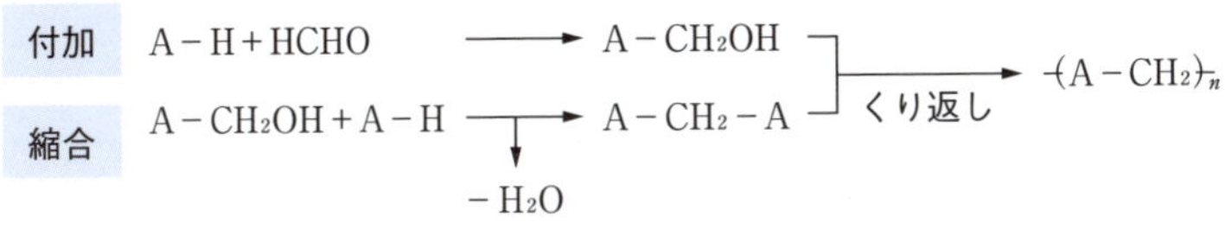

付加	$A-H + HCHO \longrightarrow A-CH_2OH$	
縮合	$A-CH_2OH + A-H \xrightarrow{-H_2O} A-CH_2-A$	くり返し $\longrightarrow -(A-CH_2)_n-$

（フェノール／ホルムアルデヒド、尿素／ホルムアルデヒド、メラミン／ホルムアルデヒド）

●合成高分子

　20世紀になると、天然高分子の利用だけでなく、小ブロック、中ブロックである低分子化合物から多様な大ブロックである高分子化合物がつくられるようになりました。最初の合成高分子は、1909年にアメリカでつくられたフェノール樹脂（ベークライト）です。

　1939年につくられたポリアミド（ナイロン）は、低分子化合物の炭素数（小ブロックの骨格）や重合する際の結合方法（アミド結合、エステル結合など小ブロックの接合方法）を事前に検討（分子設計）して、期待する高分子をつくりだした最初の成功例といえましょう。

　1940年代から70年代に、様々な高分子合成法と新しい高分子材料が続々と開発され、成形材料や塗料・接着剤として活用されました。1種類のモノマーだけでつくられる高分子をホモポリマー、複数種のモノマーでつくられるポリマーをコポリマー（共重合高分子）といいます。コポリマーも、複数種のモノマーの結合の仕方によって、さらに様々な構造、違った性能の高分子が生まれます（図4-1-2）。

　1980年代以後は、半導体製造に不可欠なフォトレジストに使われている光反応性高分子、パソコンやテレビの画面に使われている液晶ディスプレー用光学フィルムのような高い機能を備えた高分子化学品・成形加工品が開発されています。

●熱可塑性と熱硬化性

　高分子化学品には、加熱すると溶融して流動性をもった状態になるものと、加熱しても溶融せず、さらに続けて加熱していくと分解、炭化するだけのものがあります。前者を熱可塑性高分子、後者を熱硬化性高分子といいます。

　熱可塑性高分子は、分子が長い鎖状になっていて、部分的に結晶化しています。加熱すると分子の運動が活発になって、絡み合いや結晶化が壊れて、溶融します。また溶剤に溶解するものも多数あります。一方、熱硬化性高分子は、鎖同士がしっかりと3次元網目状につながれているために、加熱しても高分子鎖が自由に運動することはできないので、溶融しないし、溶剤に溶解するものもほとんどありません。

●高分子の混合

　異種の高分子を加熱溶融して、あるいは練りこみによって混合（ブレンド）しても、溶剤が混合するように分子レベルで溶け合うことはほとんどありません。多くの場合、元の高分子よりも性能が低下します。しかし、相性が良い場合には、顕微鏡で観察するとミクロレベルで相分離していても、性能が向上する場合もあります。このような高分子混合物をポリマーアロイといいます。

●プラスチック、ゴム

　高分子化学品で弾性が大きなものをゴム（エラストマー）といいます。それ以外をプラスチックと呼んでいますが、プラスチックにも、硬くて弾性がほとんどないものから、かなり弾性のあるものまであるので、この両者の境は、それほど明確ではありません。

　鎖状の高分子だけの材料では、引っ張ると高分子鎖同士がずれて、力を除いても材料全体としては変形が残ります（塑性）。透明なポリエチレンフィルムを引っ張って伸びたままになった状態です。高分子鎖同士を少しだけつなぎ合わせておくと引張りで大きく変形しても、力を除くと分子のずれが元に戻るようになります（ゴム弾性）。しかし、つなぎ合わせ部分が多すぎると、分子のずれが起きなくなり、熱硬化性材料になります。このように、熱可塑性、熱硬化性、ゴム弾性は、必ずしも高分子の種類によって一義的に決まっているわけでなく、分子設計でつくり分けることができます。

図 4-1-2　高分子の種類

```
高分子 ─┬─ モノマー1種類のみ：ホモポリマー
        └─ モノマー複数種：共重合高分子、コポリマー
             ├─ ランダム共重合：2種モノマーがバラバラの順番で並びます
             ├─ ブロック共重合：2種以上の小さなホモポリマーがブロック状
             │                  に並びます
             └─ グラフト重合：ホモポリマーに、異種のモノマーからなるポリ
                              マーが枝分れ状につきます
```

4-2 ポリエチレン

●最大の生産量のプラスチック

　ポリエチレンは、2010年には日本で300万トン、世界で推定7500万トン生産され、最もよく使われているプラスチックです。エチレン生産量のうち日本では4割、世界では6割がポリエチレンになります。エチレン $CH_2=CH_2$ を重合してつくるので、構造式は $(-CH_2-CH_2-)n$ で表わされます。石油やパラフィン、ワックスなどと同じく炭素と水素の一重結合だけからつくられている高分子化学品です。しかし分子量は石油に比べるとはるかに大きく数万から数十万もあります。一般に分子量が大きいポリエチレンほど強く、硬いものになります。酢酸ビニルなどほかのモノマーとのコポリマーもあります。ポリエチレンは分子構造から3種類に大きく分けられます（図4-2-1）。

●低密度ポリエチレン LDPE

　1930年代に世界で最初につくられたポリエチレンです。長い分岐を持った分子構造が特徴です。この分岐によって、高分子鎖が折りたたまれたり、ほかの分子と並んで結晶をつくったりすることが困難になり、比重が0.91～0.94の柔らかく透明なプラスチックになります。伸びやすい透明なフィルムや牛乳パックのように紙にフィルムを貼り合わせたラミネートに、またマヨネーズ容器に代表される中空容器や高圧電線ケーブルの絶縁被覆材料に使われます。1000～3000気圧、150～250℃という過酷な条件でラジカル重合によりつくられるので高額な建設費が必要になり、LLDPEが開発されてからは新しい設備の建設は敬遠されています。

●高密度ポリエチレン HDPE

　1950年代に開発されたポリエチレンです。分岐がほとんどない分子構造が特徴なので、結晶をつくりやすくなり、比重が0.94～0.97でLDPEに比べると硬く強く、半透明なプラスチックになります。スーパーレジ袋のよう

な薄くて強いフィルム、灯油缶や自動車ガソリンタンクのような中空容器によく使われます。

触媒を使い、1～30気圧、50～100℃でつくられるので建設費はLDPEに比べてはるかに小さくなります。発明者がノーベル賞を受賞したチーグラー・ナッタ触媒や1990年代末に工業化されたメタロセン触媒など、新しい触媒開発によって生産性と性能の向上が着実に進んでいます。

●直鎖状低密度ポリエチレン LLDPE

HDPEの製造条件でつくられるLDPEに相当する性能のポリエチレンです。1970年前後に開発されました。エチレンに1-ブテンや1-ヘキセンのようなα-オレフィンを共重合することによって、ポリエチレン分子の主鎖が直鎖状（リニア）でありながら、短い分岐（炭素数で2～6程度）がたくさんある分子構造になるため結晶をつくりにくく、LDPEの性能を発揮します（図4-2-2）。

図4-2-1 3種のポリエチレンの分子構造

LDPE
ラジカル重合でつくられます。高分子の主鎖から大きな枝分れがあります。

HDPE
アニオン重合でつくられます。主鎖にほとんど枝分れはできず、しかも主鎖の長さを短いものから非常に長いもの（超高分子量）までつくることができます。

LLDPE
HDPEと同じくアニオン重合でつくりますが、エチレンにα-オレフィンを共重合させて、小さな枝にします。

図4-2-2 LLDPEをつくるためのα-オレフィン

分子の末端に二重結合があるオレフィンをα-オレフィンといいます。

1-ブテン　　　$CH_2 = CH - CH_2 - CH_3$

1-ヘキセン　　$CH_2 = CH - CH_2 - CH_2 - CH_2 - CH_3$

←　短い分岐になる部分　→

4-3 ポリプロピレン

●誕生までの苦しみ

1930年代にエチレンの重合によってポリエチレンがつくられても、同じ方法（高圧ラジカル重合法）では、プロピレンの重合によって成形材料となるような良い性能をもった高分子をつくることはできませんでした。ポリエチレンの構造式が$(-CH_2-CH_2-)n$であるのに対して、ポリプロピレンPPの構造式は$(-CH_2-CH(CH_3)-)n$であり、高分子の主鎖の横についているCH_3基（メチル基）がバラバラに向いてしまうと結晶化することができず、良い成形材料にならなくなるためです。1950年代に開発されたチーグラー・ナッタ触媒を使うと、メチル基の方向を整列させること（立体特異性重合）ができるので、初めて成形材料となりうるポリプロピレンが開発されました（図4-3-1）。

●エチレンとの共重合で多彩に

プロピレンのみを重合させると、結晶性の高い、比較的硬い材料になります。このフィルムは、透明度と強度が高く、水蒸気の透過性が低いので包装用に広く使われます。これに対してエチレンとプロピレンを共重合させると、結晶性が低下し柔らかくなります。特にポリエチレン的な部分とポリプロピレン的な部分がブロック状につながったブロック共重合（図4-1-2参照）にしますと、ポリプロピレン的な部分が結晶化し、ポリエチレン的な部分が柔らかく動きやすいので、割れにくい弾性を持った材料になります。自動車バンパーなどに大量に使われています（表4-3-1）。

ポリプロピレンは、原料が安価な上に、多彩な性能を発揮し、しかも全プラスチックの中で最も比重が小さい（軽い）ので、ポリエチレンに次いで大量に使われているプラスチックです。

図 4-3-1　ポリプロピレン PP の立体規則性

```
    H   CH₃  H   CH₃  H   CH₃  H   CH₃
     \ /      \ /      \ /      \ /
      C        C        C        C
     / \      / \      / \      / \
   CH₂  CH₂ CH₂  CH₂ CH₂  CH₂ CH₂
```

アイソタクチック
（立体規則性あり）
高性能なプラスチックとなります。

```
    H   CH₃  CH₃  H   CH₃  H    H   CH₃
     \ /      \ /      \ /      \ /
      C        C        C        C
     / \      / \      / \      / \
   CH₂  CH₂ CH₂  CH₂ CH₂  CH₂ CH₂
```

アタクチック
（立体規則性なし）
べたついた性状でプラスチックとして使えません。

╱ は紙面の手前
╲ は紙面の向こう側を
　示します。

表 4-3-1　ポリプロピレン PP の優れた性能

	ポリプロピレン PP	ポリエチレン PE
比重	0.90 PP はプラスチックの中で最も軽い	LDPE　0.91～0.94 LLDPE HDPE　0.94
強度	PP の引張り強度、衝撃強度は PE より大きい	
耐熱性	融点 165℃なので高い PP は、汎用プラスチックの中では最も耐熱性が高く、水煮沸はもちろん、水蒸気消毒も可能	低い
電気特性	PP、PE ともに高周波の誘電特性、破壊電圧良好	
耐薬品性	PP、PE ともに酸・アルカリ、有機溶剤に侵されない。 ただし、80℃以上で芳香族系溶剤などで膨潤する	
加工性	非常に流動性がよく、成形収縮も PE より少ない	加工性はよいが、射出成形品のような型物では PP に劣る
耐候性	PP、PE とも直射日光、高温時の酸素に弱いが、紫外線吸収剤、酸化防止剤で対応できる	

4-4 ポリスチレン

●身近な発泡ポリスチレン

ポリスチレンPSは、スチレンを重合したポリマーです。透明性が高く、加熱すると溶融しやすい（融点が低い）高分子化学品です。比較的硬い材料になりますが、半面もろく、割れやすいという欠点も持っています。

ポリスチレンは成形材料として大量に使われています。それとともに、発泡剤を加えて成形し、発泡ポリスチレンとして魚箱や梱包時の衝撃吸収用に、またスーパーのトレーに使われています。ポリスチレンの硬さを生かして発泡倍率が高くても、しっかりと形状を保つ点が長所です。

●ポリスチレンファミリー

ポリスチレンの割れやすい欠点を改良した樹脂として、ブタジエンゴムを混合した耐衝撃性ポリスチレンHI樹脂があります。身近なところでは、乳酸飲料のプラスチック容器として見かけます。混合したゴムがポリスチレンの衝撃性の弱さを補っていますが、分子レベルの混合にならずミクロンレベルでの混合なので、ポリスチレンの透明性が失われ、半透明な樹脂になります。

一方、スチレンとアクリロニトリルを共重合したAS樹脂もポリスチレンの割れやすい欠点を改良した樹脂です。透明なので、扇風機のプラスチック羽根として見かけることがあります。AS樹脂にさらにゴム成分を加えた樹脂がABS樹脂です。これは、ポリスチレンの成形性の良さを保ちながら、衝撃性の弱さを改良した優れたプラスチックです。ポリマーアロイの成功例の第一号でした。パソコン、テレビなどの電気機器の筐体（ケース、ハウジング）として広く使われています（図4-4-1）。似たものにAS樹脂にEPRを加えたAES樹脂、アクリルゴムを加えたASA樹脂があります。

図 4-4-1　ポリスチレン PS ファミリー

ポリスチレン PS
（一般用ポリスチレン）

$-(CH_2-CH(C_6H_5))_n-$

耐衝撃性ポリスチレン（HI）

$-(CH_2-CH=CH-CH_2)_n-$

PS にブタジエンゴムをブレンドします。

発泡性ポリスチレン（EPS 又は FS）

PS にブタン、ペンタンを含浸させます。

AS 樹脂

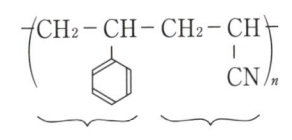

$-(CH_2-CH(C_6H_5)-CH_2-CH(CN))_n-$

スチレン部分　アクリロニトリル部分

ABS 樹脂

AS に NBR（アクリロニトリルブタジエンゴム）（図 4-12-4 参照）をブレンドします。
※ABS 樹脂の製造法としてブタジエンゴム、SBR、NBR などのゴムに AS をグラフト重合させる方法もあります。

MBS 樹脂（硬質塩ビに少量配合する耐衝撃性改良材）

$-(CH_2-C(CH_3)(COOCH_3)-CH_2-CH=CH-CH_2-CH_2-CH(C_6H_5))_n-$

MMA 部分　ブタジエン部分　スチレン部分

陽イオン交換樹脂

$-(CH_2-CH(C_6H_4SO_3H)-CH_2-CH(C_6H_4-CH-CH_2))_n-$

陰イオン交換樹脂

$-(CH_2-CH(C_6H_4-CH_2N(CH_3)_3OH)-CH_2-CH(C_6H_4-HC-CH_2))_n-$

※イオン交換樹脂はスチレン－ジビニルベンゼンコポリマーを骨格としています。

4・高分子化学品

4-5 ポリ塩化ビニル

●プラスチックの中で耐候性抜群

　プラスチックは、使用後に廃棄されても容易に分解せず、自然を汚すことが問題になります。その一方で、材料として金属、ガラス、セラミックスなどに比べて耐候性が悪いことが大きな欠点なのです。スーパーのレジ袋をしばらく野外に置いたらボロボロになったことを経験されたことがあると思います。高分子が紫外線と酸素によって分解反応を起こすためです。このためプラスチックには、安定剤、酸化防止剤、紫外線吸収剤などが成形加工時に加えられています（図4-5-1）。

　ポリ塩化ビニルPVCは、プラスチックの中では、最も耐候性が高く、また硬く強く、燃えにくい樹脂なので、雨とい、サッシ、下水管のような野外で使われる建築材料になります。

●硬質塩ビ製品と軟質塩ビ製品

　ポリ塩化ビニルをそのままで使うと、硬い材料になります。パイプ、継ぎ手、波板、平板、サッシ（異形押出製品）などの硬質塩ビ製品がつくられます。

　一方、ポリ塩化ビニルに可塑剤（3-6節参照）を30～40％混合すると軟質塩ビ製品ができます。フィルム、シート、合成皮革（レザー）、電線被覆、チューブ、ホースなどの製品です。スーパーでトレーに載せた魚などを包装している透明なフィルムや農業用ハウスの透明なフィルムは、軟質塩ビです（表4-5-1）。

　ポリ塩化ビニルは、軟質製品からのフタル酸エステル系可塑剤の溶出問題や焼却時に塩酸が発生する問題など、消費者団体・地方自治体から様々な問題点を指摘されてきました。そのたびに、安全性試験の徹底や代替可塑剤の利用、塩酸処理法の開発などによって、問題を克服してきた歴史のあるプラスチックです（図4-5-2）。

図 4-5-1　ポリ塩化ビニルと安定剤

ポリ塩化ビニルの熱分解

$$-CH_2-CH(Cl)- \longrightarrow -CH=CH- + HCl$$

> ポリ塩化ビニルは融点が約170℃ですが、これ以下の温度でも、上記のように塩化水素を発生して分解し、着色します。しかも、塩化水素がさらに分解を促進するので、鉛系、スズ系、金属せっけん系などの安定剤を加えて発生した塩化水素を吸収します。一方、プラスチック廃棄物を製鉄原料（コークス代替）として利用する場合、プラスチック廃棄物を溶融、加熱することによってポリ塩化ビニルを熱分解し、塩化水素を事前に除去しています。

表 4-5-1　ラップフィルムの比較

材料	ポリ塩化ビニル	ポリ塩化ビニリデン	ポリエチレン
透明性	○	○	○
ガスバリア性	○	○	△
密着性	○	○	△
指押し回復力	○	○	△
コスト	○	△	○

（注）ポリ塩化ビニリデン製ラップフィルムは家庭用によく使われています

図 4-5-2　よく似た有機塩素化合物の化学構造と重合の可能性

$Cl-CH_2-CH_2-Cl$	二塩化エチレン	塩化ビニルの原料。重合しない
$CH_2=CHCl$	塩化ビニル	ポリ塩化ビニルのモノマー
$CH_2=CCl_2$	塩化ビニリデン	ポリ塩化ビニリデンのモノマー
$CHCl=CCl_2$	トリクロロエチレン	塩素系溶剤として金属機械部品の脱脂洗浄に利用。重合しない
$CCl_2=CCl_2$	パークロロエチレン	塩素系溶剤としてドライクリーニングに利用。重合しない

4-6 PET樹脂

●繊維から始まる

　PET樹脂の構造式は、図4-6-1に示すように少し複雑です。エチレングリコール（中ブロック）とテレフタル酸（中ブロック）が反応して水を排出しながら縮合重合してエステル結合を形成することによって出来上がった高分子化学品（大ブロック）です。

　高分子同士が並んで結晶化しやすいため、強い樹脂ができます。最初に合成繊維であるポリエステル繊維として活用されました。ポリエステル繊維はナイロン繊維、アクリル繊維よりも遅れて工業化された合成繊維ですが、1980年代に技術改良が大きく進み、現在ではほかの合成繊維を圧倒して最も幅広く使われる合成繊維となりました。

●プラスチックとしても成長

　PET樹脂は、合成繊維としてだけでなく、プラスチックとしての活用も進みました。最初はフィルムやテープとして用途開拓が進みました。X線撮影用フィルム、写真フィルム、磁気テープ（音楽カセットやVTR）、粘着テープなどに使われてきました。

　次にガラス繊維強化PETとして、エンジニアリングプラスチックのひとつとして電気・機械部品に広く使われました。そして1980年代にボトル用途が開発され、大量に使われるようになりました。

●エステル結合の高分子群

　PET樹脂と同じくエステル結合によるいくつかの高分子が、熱可塑性高分子、熱硬化性高分子として、広く使われています。PET樹脂のアルコール部分がブタンジオールに変わったPBT樹脂、酸として炭酸、アルコールとしてBPAが使われているポリカーボネートPCは、いずれも優秀なエンジニアリングプラスチック（強く、耐熱性の高い熱可塑性高分子）になります。

一方、酸部分が無水マレイン酸や無水フタル酸に変わった不飽和ポリエステルはFRPの原料樹脂となります。酸として2つのカルボン酸を持った化合物、アルコールとして2つ、3つのアルコール基を持った化合物からなるアルキド樹脂は塗料用樹脂として使われています（図4-6-2）。

図4-6-1 PET樹脂の化学構造式

$$\left[O-\underset{O}{\underset{\|}{C}}--\underset{O}{\underset{\|}{C}}-O-CH_2-CH_2 \right]_n$$

テレフタル酸部分　エチレングリコール部分

図4-6-2 エステル結合によるそのほかの高分子化学品

PBT樹脂

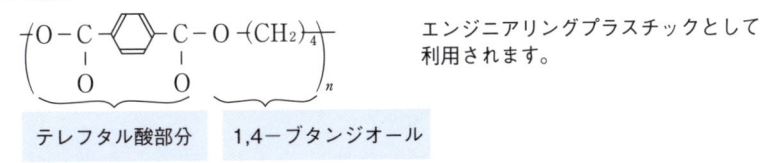

$$\left[O-\underset{O}{\underset{\|}{C}}--\underset{O}{\underset{\|}{C}}-O-(CH_2)_4 \right]_n$$

テレフタル酸部分　1,4-ブタンジオール

エンジニアリングプラスチックとして利用されます。

ポリカーボネート

$$\left[O--\underset{CH_3}{\underset{|}{\underset{|}{\overset{CH_3}{\overset{|}{C}}}}}--O-\underset{O}{\underset{\|}{C}} \right]_n$$

ビスフェノールA部分　炭酸部分

ポリエステルという名前がついていませんが、炭酸（H_2CO_3）とジオール化合物から生成したエステル結合による高分子です。（4-10節参照）

不飽和ポリエステル

$$\left[O-OC-CH=CH-CO-OCH_2CH_2-O-CO--CO-OCH_2CH-\underset{CH_3}{\underset{|}{}} \right]_n$$

フマル酸
無水マレイン酸　部分　ジオール部分　無水フタル酸部分　ジオール部分

この樹脂に、さらにスチレンのようなビニルモノマーを加えて架橋させて熱硬化性樹脂として利用します。ガラス繊維を混ぜてFRPとして、漁船、浴槽、ユニットバスルーム、タンクなど大型プラスチック製品に使われます。

4-7 ポリウレタン

●ウレタンフォーム

　ポリウレタンは、あまり知られていないプラスチックですが、身近にあるのは、自動車、電車の椅子、ソファー、枕のクッション材料であるウレタンフォームです。これは、軟質ウレタンフォームと呼ばれる化学製品です。

　一方、直接目にすることがほとんどありませんが、冷蔵庫や冷凍車、住宅の断熱材として硬質ウレタンフォームが使われています。

●ポリウレタンの構造

　ポリウレタンは、水酸基（-OH）を2つ以上持つポリオール（中ブロック）と反応性の高いイソシアネート基（-N=C=O）を2つ以上持つイソシアネート化合物（中ブロック）を反応させてできるウレタン結合（-O-CO-NH-）による高分子（大ブロック）です（図4-7-1）。

　ポリオール化合物としては、プロピレンオキサイドを重合したポリプロピレングリコールPPGのような化合物のほか、ポリエステルのように水酸基とカルボン酸のOHがあるものも使われます。一方、イソシアネート化合物としては、TDI、MDIのような芳香族環にイソシアネート基が付いた化合物がよく使われます。しかし芳香族イソシアネートを使ったポリウレタンは、古くなると黄変してくるので、これを嫌う用途には、HMDIのような非芳香族イソシアネートが使われます（図4-7-2）。

●プラスチックからゴムまで

　ジオール型ポリオールとジイソシアネートを重合させると鎖状の熱可塑性のポリウレタンができます。繊維やゴムとして使われます。ポリウレタンの繊維は、スパンデックスと呼ばれる弾性のある繊維で下着や水着に使われます。一方、トリオール型ポリオールとジイソシアネートを重合させると3次元の高分子になるので熱硬化性材料となります（図4-7-3）。

このようにポリウレタンは、ポリオール分子の形やイソシアネートとの反応のさせ方で様々な性能を引き出せるので発泡体、繊維、ゴム、塗料、接着剤、合成皮革（靴、カバンなど）など多彩な用途に使われます。

図 4-7-1　ポリウレタンの合成と化学構造

ポリオール　　HO−A−OH

ジイソシアネート　O=C=N−B−N=C=O

$$\rightarrow \left(A-O-\underset{O}{C}-NH-B-NH-\underset{O}{C}-O \right)_n$$

図 4-1-1 で説明した重合法にない、重付加と呼ばれる反応です。

図 4-7-2　代表的なジイソシアネートの化学構造

芳香族イソシアネート

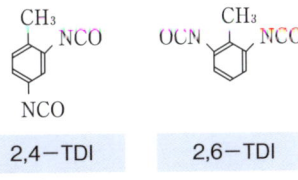

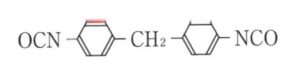

2,4−TDI　　2,6−TDI　　MDI

（TDI：トリレンジイソシアネート）　　（ジフェニルメタンジイソシアネート）

非芳香族イソシアネート

OCN−(CH$_2$)$_6$−NCO

HMDI

（ヘキサメチレンジイソシアネート）

水添化 MDI

（ジシクロヘキシルメタンジイソシアネート）

図 4-7-3　代表的なポリオールの化学構造

ジオール型

HO−(CH$_2$−CH(CH$_3$)−O)$_n$−H　　　HO−(CH$_2$CH$_2$−O)$_n$−H

PPG　　　　　　　　　　　　　　　　　　PEG
（ポリプロピレングリコール）　　　　（ポリエチレングリコール）

トリオール型

CH$_2$−O−(CH$_2$−CH(CH$_3$)−O)$_n$−H
|
CH−O−(CH$_2$−CH(CH$_3$)−O)$_n$−H
|
CH$_2$−O−(CH$_2$−CH(CH$_3$)−O)$_n$−H

ポリ（オキシプロピレン）系トリオール

4-8 エポキシ樹脂

●多彩な用途

　エポキシ樹脂は、ポリウレタンと同様に非常に多彩な用途に使われている高分子化学品です。接着剤、塗料、ガラス繊維や炭素繊維との積層材料、半導体封止剤や電気・電子素子の注型材料、成形材料などです（図4-8-1、表4-8-1）。

　最近は炭素繊維が航空機材料として使われるようになったので注目を浴びています。しかし炭素繊維だけでは成形品になりません。その陰にエポキシ樹脂があるのです。また半導体や電子部品は、物理的な衝撃や温度変化、水分・酸素などの化学的障害に弱いので保護する必要があります。この役割をする材料が封止剤や注型材料です。接着剤の塊りをかぶせて全体を固めてしまうような使い方です。このようなハイテク用途以外にもエポキシ樹脂は優秀な下塗り塗料として自動車ボディや橋梁、タンクの塗装に使われています。飲料缶、食品缶の内面・外面塗料としても使われています（図4-8-2）。

●使う際に少々面倒な樹脂

　エポキシ樹脂の構造は複雑で、さまざまなバラエティがあります。代表的なものは、ビスフェノールA（中ブロック）とエピクロルヒドリン（中ブロック）から縮合重合でつくる高分子（大ブロック）です。この高分子の末端には、エピクロルヒドリンから由来するエポキシ基がまだ残っています。次に硬化剤を加えて末端エポキシ基と反応させると、3次元構造の高分子（さらに大きな大ブロック）になって機械的強度や耐薬品性に優れたエポキシ樹脂が完成します。エポキシ樹脂といっても、硬化後はエポキシ基は反応して残っていません。硬化剤としては、ポリアミン系と有機酸無水物系の2種類があり、用途、期待性能に応じて使い分けられます。

　2つの成分を使う直前に混合する接着剤やパテを使った経験があると思います。これはエポキシ樹脂を使うときの特徴を示しています。片方が、末端

にエポキシ基を持った高分子です。もう一方が硬化剤です。混合後、硬化反応が終わるまでに接着すると、非常に強力な接着力が得られます。

図 4-8-1　エポキシ樹脂の化学構造

硬化前の樹脂

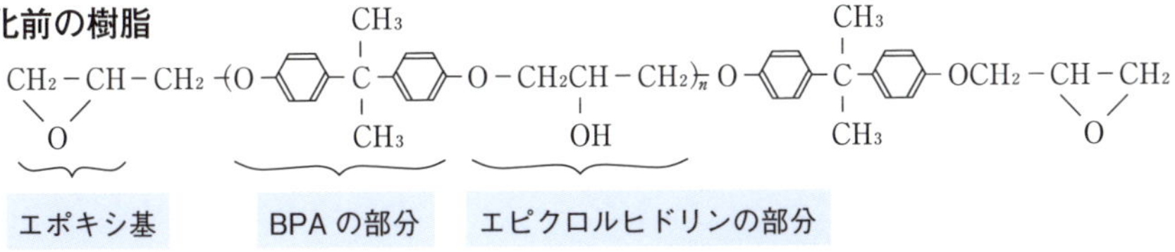

$$CH_2-CH-CH_2-\{O-C_6H_4-C(CH_3)_2-C_6H_4-O-CH_2-CH-CH_2\}_n-O-C_6H_4-C(CH_3)_2-C_6H_4-OCH_2-CH-CH_2$$

エポキシ基　　BPA の部分　　エピクロルヒドリンの部分

硬化反応

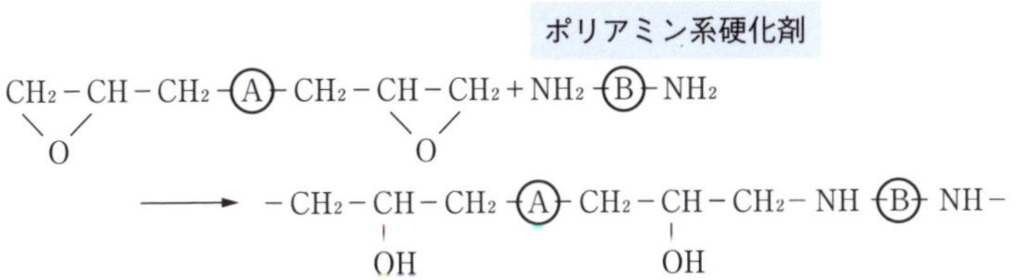

ポリアミン系硬化剤

$$CH_2-CH-CH_2-(A)-CH_2-CH-CH_2 + NH_2-(B)-NH_2$$

$$\longrightarrow -CH_2-CH(OH)-CH_2-(A)-CH_2-CH(OH)-CH_2-NH-(B)-NH-$$

表 4-8-1　エポキシ樹脂の多様な用途

用途	具体例
塗料	重防食（船舶、橋梁、タンク）、缶（内外面）、自動車用（下塗り、水系カチオン電着）、粉体（鉄骨、鉄筋、パイプ、家電機器）
電気電子	封止剤、注型、積層板
接着剤	構造用（自動車、航空機）、電気電子機器
複合材料	ガラス繊維、炭素繊維、アラミド繊維補強 FRP

図 4-8-2　BPA 以外の様々なエポキシ樹脂の例

臭素化 BPA 型（難燃性高く積層板に利用）

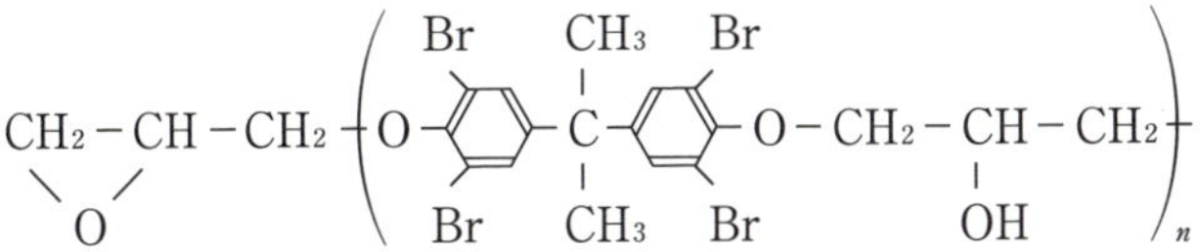

$$CH_2-CH-CH_2-\left(O-C_6H_2Br_2-C(CH_3)_2-C_6H_2Br_2-O-CH_2-CH-CH_2(OH)\right)_n$$

オルソクレゾールノボラック型（半導体封止剤に利用）

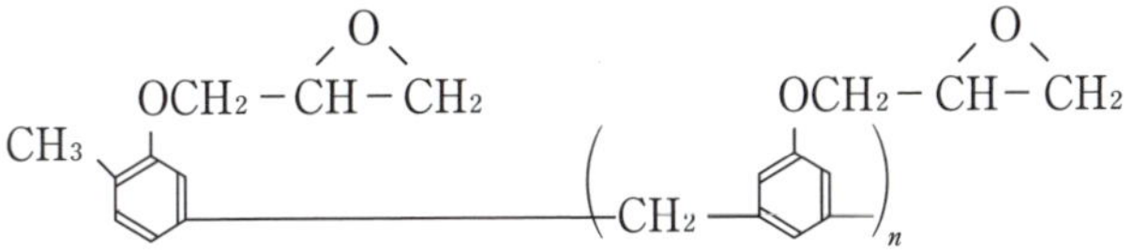

$$\left(CH_3-C_6H_3(OCH_2-CH-CH_2-O)-CH_2-\right)_n$$

4-9 アクリル樹脂

●透明なプラスチック

　アクリル樹脂と呼ばれる樹脂には、いくつかの種類があります。もっとも昔から開発され、広く使われているのがポリメタクリル酸メチル PMMA です。MMA を重合してつくります。透明性が非常に高く、しかも強い樹脂なので、有機ガラスとして 1940 年代から使われてきました。最近では水族館の大型水槽のガラスとしてよく見かけます（図 4-9-1）。

　通信は、電線から光ファイバーに移行しています。特にデジタル通信の時代になり、大量の情報を送るには光ファイバーは不可欠です。光ファイバーの材料としては、遠距離用にはガラスが、短距離用にはアクリル樹脂が使われています。

●多彩な化学構造と用途

　しかしアクリル樹脂はこれだけではありません。様々なモノマーと化学構造によって、非常に多彩な高分子がつくられ幅広い用途が開発されています。まず塗料や接着剤として広く使われています。この場合はポリアクリル酸エステルです。エステルがエチル基、ブチル基などのアルキル基だけですと熱可塑性高分子ですので、溶剤型やエマルション型の塗料になります。一方、エステルの一部にエポキシ基のような反応性のある官能基（架橋剤）を加えておくと、自動車によく使われる焼付け塗料や繊維製品のプリントに使われるピグメントレジンカラーなどの熱硬化性高分子になります。

　アクリル酸に、反応性の官能基（架橋剤）を持ったアクリル酸エステルを少し加えて共重合させると、使い捨てオムツに使われる高吸水性樹脂になります。ゆるく架橋した 3 次元高分子網の中に、水分子が捕らえられた状態になり、自重の百倍から千倍もの水を吸収します（図 4-9-2、表 4-9-1）。

　アクリル酸ブチルとアクリロニトリルの共重合高分子はアクリルゴムです。

図 4-9-1 様々なアクリル樹脂の化学構造

$-(CH_2-C(CH_3)(COOCH_3))_n-$

ポリメタクリル酸メチル
(成形材料、光ファイバー)

$-(CH_2-CH(COOR))_n-$

ポリアクリル酸エステル
(塗料、接着剤)

$-(CH_2-CH(COOC_4H_9)-CH_2-CH(CN))_n-$

アクリル酸ブチル・
アクリロニトリルコポリマー
(アクリルゴム)

図 4-9-2 ポリアクリル酸高吸水性樹脂のモデル図

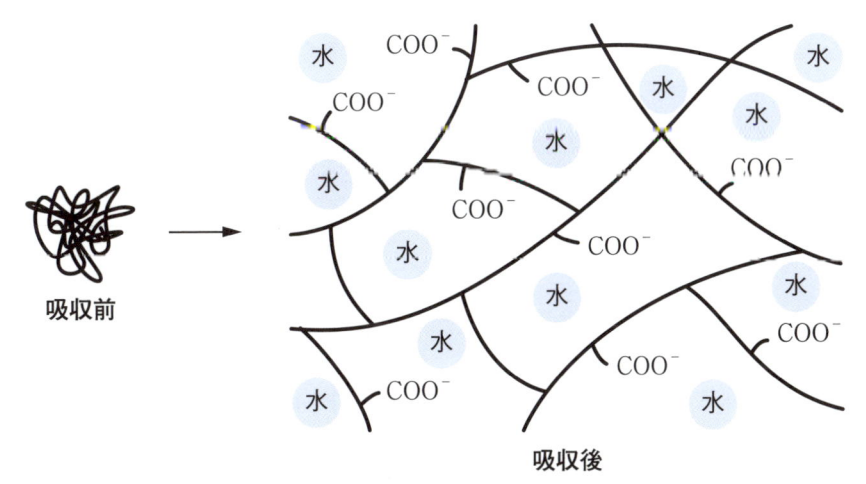

吸収前 → 吸収後

架橋したポリアクリル酸の網目構造の中に水素結合によって水を閉じこめているので、多少の圧力を加えても、タオルやスポンジのように水が出ることはありません。樹脂重量の1000倍も吸収しますが、尿のようにイオンを含んだ水では50～100倍に落ちます。石油やアルコールなどは吸収しません。

表 4-9-1 高吸水性樹脂の応用例

原理	用途
水分の吸収	おむつ(子供用、大人用)
水分を固形化	廃血液固化(感染防止)、人工雪
水分を保持、放出	土壌保水剤、鮮度保持剤、結露防止壁紙
膨潤	ケーブル外壁のひびわれによる水侵入の防止、ゴムに分散してコンクリートのシーリング材

4-10 エンジニアリングプラスチック

●汎用エンジニアリングプラスチック

　ポリエチレン、ポリプロピレン、ポリスチレン、ポリ塩化ビニルは、生産量が飛びぬけて大きな樹脂なので汎用樹脂と呼ばれます。一方、熱可塑性を持つために生産性の高い射出成形ができ、しかも機械的性能（強さ、耐熱性など）が汎用樹脂に比べて一段と優れているために、プラスチック歯車など機械部品に使われるようになったプラスチックがあります。すでに PET 樹脂の項で紹介したガラス繊維強化 PET 樹脂がその例です。その他にポリアミド樹脂 PA（ナイロン樹脂）、ポリカーボネート PC、ポリアセタール POM、ポリブチレンテレフタレート PBT、変性ポリフェニレンオキサイド PPE の 6 種類は、汎用エンジニアリングプラスチックと呼ばれています。

　現在ではポリカーボネートが、CD や DVD 基板、家庭用駐車場の屋根、安全ガラス（日本ではまだ少ない）など、機械部品以外の用途にも大量に使われるプラスチックとして成長しています（図 4-10-1）。

●スーパーエンジニアリングプラスチック

　汎用樹脂の連続使用可能温度が 100℃以下であるのに対して、汎用エンジニアリングプラスチックは、100 〜 130℃になります。汎用エンジニアリングプラスチックより、さらに耐熱性や機械的強度が高い性能を持ったプラスチックが電子部品や機械部品として求められるようになりました。この要求にこたえて 1970 年代に開発された一連の高分子化学品がスーパーエンジニアリングプラスチックです。ポリアミドイミド PAI、ポリエーテルイミド PEI、ポリエーテルエーテルケトン PEEK、ポリエーテルスルホン PES などです。使用可能温度は 180 〜 250℃にもなります（図 4-10-2、図 4-10-3）。

　これ以上に耐熱性のあるプラスチックとしてポリイミド PI が開発され、電子部品に使われています。耐熱性の指標であるガラス転移温度が 400℃を超えます。しかし熱可塑性でなくなりますので、機械部品としては使いにく

くなります。耐熱性を少し下げて熱可塑性を持たせたポリイミドも開発されています。

図 4-10-1　汎用エンジニアリングプラスチックの化学構造

ポリアミド PA	ポリアセタール POM
$-((CH_2)_5-NH-CO)_n-$	$-(CH_2-O)_n-$
6-ナイロン	ホモポリマー型
$-(HN(CH_2)_6-NH-CO-(CH_2)_4CO)_n-$	$-(CH_2-O)_n-(CH_2CH_2O)_m-$
6,6-ナイロン	コポリマー型

(なお、PET は図 4-6-1、PBT、ポリカーボネートは図 4-6-2 を参照)

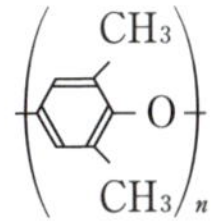

ポリフェニレンオキサイド PPO

$$\left(\begin{array}{c} CH_3 \\ \\ \\ CH_3 \end{array} O\right)_n$$

＋
ポリスチレン
↓
変性ポリフェニレンオキサイド PPE

図 4-10-2　スーパーエンジニアリングプラスチックの分子設計

（1）分子同士の凝集力を高める　→　結合部にエステル基、アミド基、エーテル基など極性基を導入します。

（2）分子の配列をよくする　→　高分子主鎖が曲がりにくいように芳香族環を導入します。

（3）分子を切れにくくする　→　高分子鎖を2本にしたり、芳香族環にします。

図 4-10-3　スーパーエンジニアリングプラスチックの化学構造

ポリイミド PI

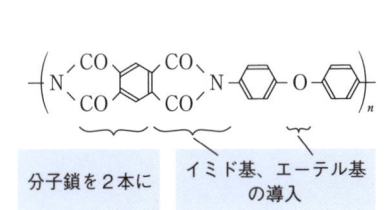

分子鎖を2本に／イミド基、エーテル基の導入

ポリエーテルスルホン PES

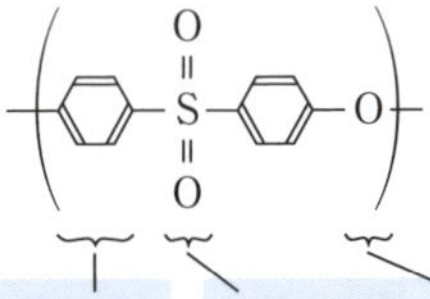

すべて芳香族環／スルホン基、エーテル基を導入

ポリエーテルエーテルケトン PEEK

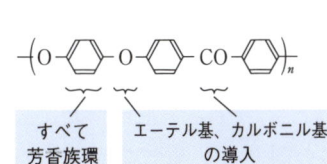

すべて芳香族環／エーテル基、カルボニル基の導入

ポリエーテルイミド PEI

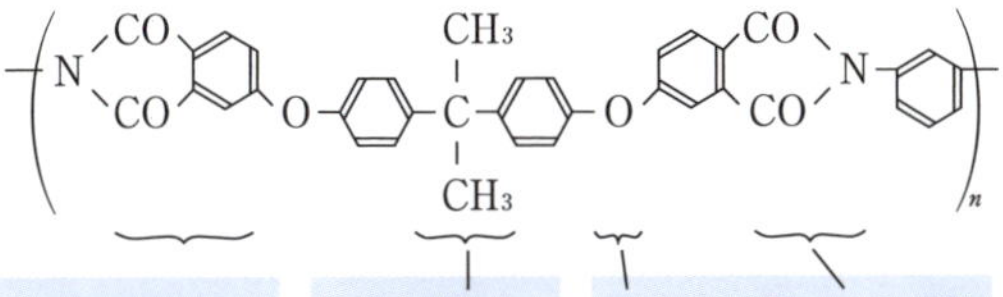

分子鎖を2本に／PIに比べ加工性を改良／エーテル基、イミド基の導入

4-11 フッ素樹脂とケイ素樹脂

●ユニークな性能

フッ素樹脂が開発されたのは1942年、ケイ素樹脂は1945年なので、古い歴史を持つプラスチックです。非常にユニークな性能を持ち、ほかのプラスチックでは代替できない独自の用途を開発しましたが、現在に至るまで生産量としては大きくはなりません。コストが高いためです。

●フッ素樹脂

フッ素樹脂には有名な発明物語があります。四フッ化エチレン $CF_2=CF_2$ をボンベに詰めておいた研究者がボンベを開いてもガスが出てこないので、ボンベを切り開いてみたら、内部で重合して高分子になっていたのです。そして性能を調べてみたら、耐薬品性が高く、マイナス100℃からプラス250℃くらいまで使用可能という耐熱性を持ち、耐候性に優れることがわかりました。さらに摩擦係数があらゆる固体材料の中で最も小さいというユニークな性能がありました（図4-11-1）。

現在では四フッ化エチレン重合体のほか、クロロトリフルオロエチレン $CF_2=CFCl$、ビニリデンフルオライド $CH_2=CF_2$ 重合体や様々な共重合体が工業的につくられ、成形材料、耐候性塗料、イオン交換膜、ゴムなどに使われています。

●ケイ素樹脂

ケイ素樹脂は酸素ーケイ素というつながりを主鎖にしてケイ素にアルキル基、フェニル基などの有機官能基が付いた高分子化学品をいいます。ケイ素の英語名はシリコンですが、ケイ素樹脂はシリコーンと呼ばれることもあります。しかし両者は紛らわしいので本書ではケイ素樹脂と呼んでいます。

ケイ素樹脂は、クロルシラン化合物を加水分解してシラノール化合物にし、これを縮合重合してつくります。300℃という高い耐熱性と電気絶縁性を持

つので、オイル、ゴム、成形材料として使われ、また特異な界面特性を持つので撥水剤、消泡剤、離型剤として使われます（図4-11-2）。

図4-11-1　フッ素の不思議

$\underset{H}{H}C=C\underset{H}{H}$　エチレン（重合できる）

$\underset{H}{H}C=C\underset{X}{Y}$　ビニル化合物など（重合できる）

$\underset{X}{H}C=C\underset{Y}{H}$　（重合できない）

$\underset{Cl}{H}C=C\underset{Cl}{Cl}$　トリクロロエチレン（重合できない）

$\underset{F}{F}C=C\underset{F}{F}$　四フッ化エチレン（重合できる）

> 二重結合の炭素の一方が、CH_2 となっている有機化学品は、通常重合できます。エチレン、多くのビニル化合物、塩化ビニリデン、MMAなど多くのモノマーが該当します。ところが、2つの炭素に各々水素以外の原子、官能基がつくと重合できなくなります。トリクロロエチレンや2-ブテンです。炭素まわりの原子、官能基が大きくて反応途中で立体的に邪魔をするためです。しかし、不思議なことに四フッ化エチレンは重合します。フッ素原子が小さいためです。フッ素樹脂の摩擦係数の小ささ、耐熱性、耐候性の良さも、フッ素の特異な性質に由来します。

図4-11-2　ケイ素樹脂のつくり方

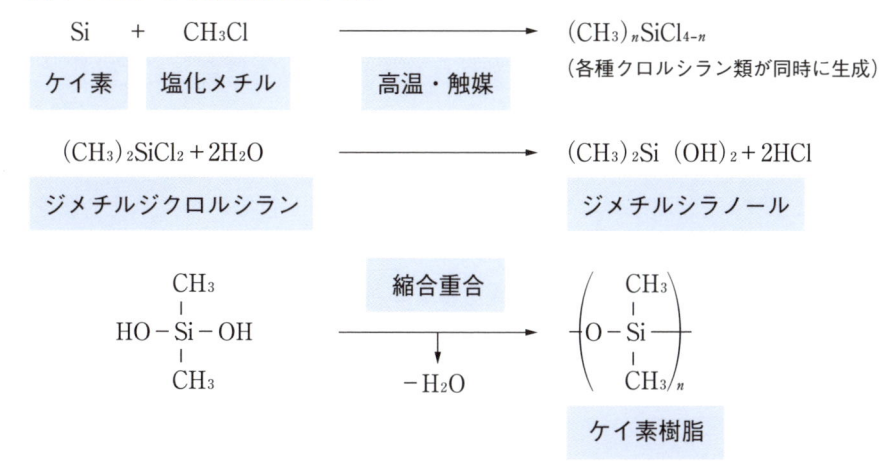

$Si + CH_3Cl \longrightarrow (CH_3)_nSiCl_{4-n}$
ケイ素　塩化メチル　　高温・触媒　　（各種クロルシラン類が同時に生成）

$(CH_3)_2SiCl_2 + 2H_2O \longrightarrow (CH_3)_2Si(OH)_2 + 2HCl$
ジメチルジクロルシラン　　　　　　　ジメチルシラノール

$$HO-\underset{CH_3}{\overset{CH_3}{Si}}-OH \xrightarrow[-H_2O]{縮合重合} \left(O-\underset{CH_3}{\overset{CH_3}{Si}}\right)_n$$

ケイ素樹脂

$(CH_3)_2SiCl_2$ 以外に CH_3SiCl_3、$(CH_3)_3SiCl$ を水と反応させてシラノールにし、これをジメチルシラノールと共重合することによって、オイル、ゴム、成形材料をつくり分けます。

4-12 天然ゴム、合成ゴム

●生ゴムと加硫

　生ゴム（加硫する前のゴム）を加硫すると硫黄やパーオキサイド系架橋剤（3-7節参照）が高分子鎖同士を適度に結合させるので、引っ張る力を除くと高分子鎖同士がずれることなく元の位置に戻り、ゴム弾性が発現します。しかし、大量に加硫してしまうと高分子が3次元に結合した状態になってしまうので、熱硬化性高分子と同じようになります。天然ゴムを多量に加硫するとエボナイトといわれる硬い熱硬化性材料になります。

●ジエン系ゴムと非ジエン系ゴム

　天然ゴムは、イソプレン（2-2節参照）が重合した高分子です。合成ゴムのひとつであるポリイソプレンは、天然ゴムほど高分子量ではありませんが、天然ゴムと同じ構造の高分子です。一方、多くの合成ゴムは、ブタジエンを小ブロックに使っています。イソプレンより安価だからです。

　ブタジエンやイソプレンのような1,3-ジエン系化合物が重合または共重合したジエン系ゴムは、$(-CH_2-CH=CR-CH_2-)_n$ の構造を持つので二重結合がたくさんあります。硫黄による加硫は、この二重結合に硫黄が反応して、ゴム分子同士を結合させているのです（図4-12-1）。

　一方、非ジエン系ゴムは、エチレンプロピレンゴム、アクリルゴム、エピクロロヒドリンゴム、シリコーンゴムなどモノマーとしてジエン系化合物を使っていない合成ゴムです。高分子鎖に二重結合がなく、飽和結合だけなので老化しにくいゴムです。半面、硫黄による加硫はできず、加硫にはパーオキサイド系架橋剤を使います（図4-12-2）。

図4-12-1　ジエン系ゴムの硫黄加硫の化学構造

(R＝H、CH₃、Cl など)

ジエン系ゴムの二重結合

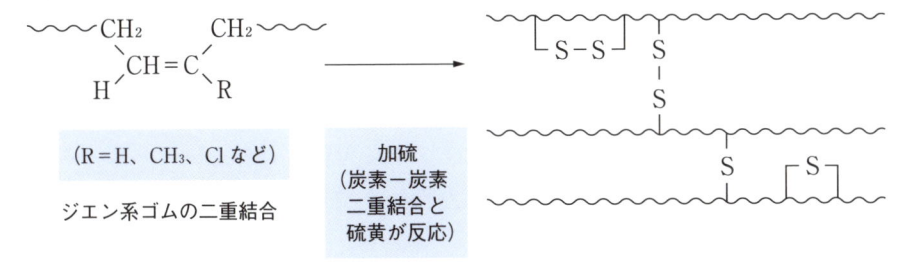

加硫
(炭素－炭素二重結合と硫黄が反応)

図4-12-2　代表的なパーオキサイド系架橋剤の化学構造

Q又はQO
(p－キノンジオキシム)

DQ又はBQO
(p, p'－ジベンゾイルキノンジオキシム)

●熱可塑性エラストマー

　ゴムの成形加工は加硫という工程が必要なので、熱可塑性プラスチックに比べ手間と時間がかかります。この欠点を改良して生まれたのが、熱可塑性エラストマーです。成形加工は熱可塑性プラスチックと同じように溶融するだけで可能でありながら、冷却後成形品になったらゴム弾性を持つという便利な高分子化学品です。スチレン系、オレフィン系、ポリエステル系、塩ビ系など多くの熱可塑性エラストマーがつくられています。

　高分子鎖の中に、結晶化しやすい部分（ハードセグメント）と結晶化しにくい部分（ソフトセグメント）を持つように、ブロック共重合（図4-1-2参照）という方法で高分子鎖をつくると、常温ではハードセグメント同士が結晶化して高分子鎖同士をつなぐのでゴム弾性が発現します。融点以上の高温にするとハードセグメントの結晶がくずれて成形加工することができます。しかし、加硫ほどの結合の強さは持っていません（図4-12-3）。

●天然ゴム NR

天然ゴムは、ゴムの木の樹皮を傷つけると流れ出てくる乳液をから得られます。合成ゴムが発明されてから100年近く経っても、いまだに合成ゴム全体に匹敵するほど大量に使われています。タイヤはもちろん、ほとんどあらゆるゴムの用途に使われる非常に優れた性能を持ったゴムです。

●スチレンブタジエンゴム SBR

最も大量に生産されている合成ゴムです。タイヤによく使われるほか、工業用ゴム成形品、ゴム履物、ゴム引布などに広く使われます。

●ブタジエンゴム BR

立体特異性重合によってよい性能が引き出され、SBRに次いで大量に生産されている合成ゴムです。タイヤに使われるほか、ゴルフボールのコアやHI樹脂（4-4節参照）にも使われます。

●エチレンプロピレンゴム EPR（EPDM）

エチレンとプロピレンの共重合物（4-2節参照）は、プロピレンだけを重合させたポリプロピレンに比べて柔らかく割れにくい材料です。これに第3成分のモノマーとして、ジシクロペンタジエンやエチリデンノルボルネンのような共役二重結合（2-2節参照）でない2つの二重結合を持った炭化水素を加えると飽和結合だけの高分子鎖の横に第3成分に由来する二重結合が残った高分子ができます。この二重結合を使って硫黄による加硫を行うことができます。EPRは、SBR、BRに次いで第3番目に大量に生産される合成ゴムです。非ジエン系ゴムの代表ですが、例外的に硫黄加硫できるという特徴を持っています。

●アクリロニトリルブタジエンゴム NBR

耐油性がよいので耐油ホース、タンクライニング、パッキンに使われます（図4-12-4）。

図 4-12-3　熱可塑性エラストマーの原理

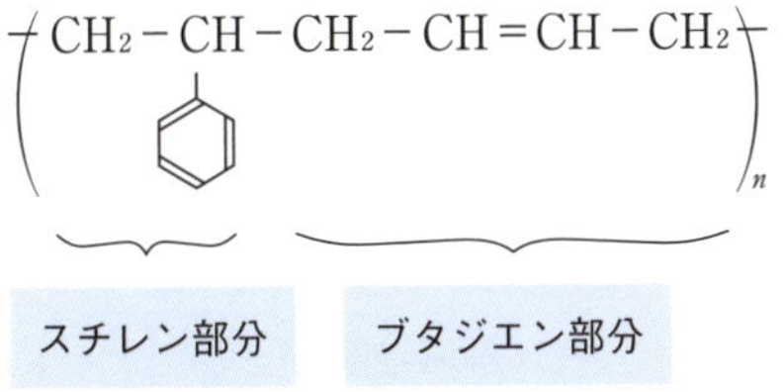

$$\left(CH_2-CH-CH_2-CH=CH-CH_2\right)_n$$
（ベンゼン環付き）

スチレン部分 ／ ブタジエン部分

スチレンブタジエンゴム SBR
（スチレンとブタジエンのランダムコポリマーなので、高分子鎖同士が並びにくく、熱可塑性エラストマーにならない）

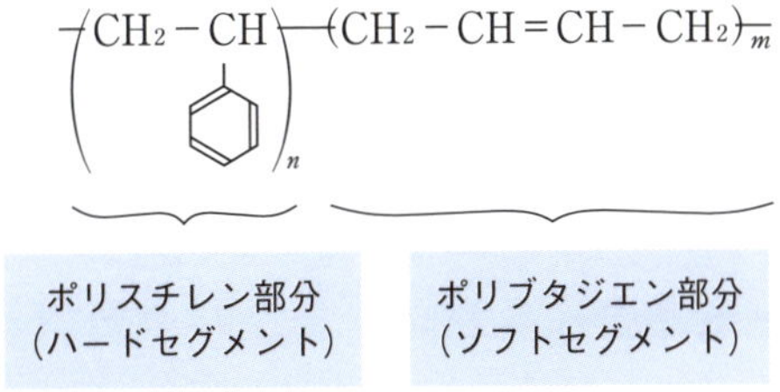

$$\left(CH_2-CH\right)_n\left(CH_2-CH=CH-CH_2\right)_m$$
（ベンゼン環付き）

ポリスチレン部分（ハードセグメント） ／ ポリブタジエン部分（ソフトセグメント）

スチレンブタジエンブロックコポリマー SBS
（熱可塑性エラストマー）

図 4-12-4　代表的なゴムの化学構造

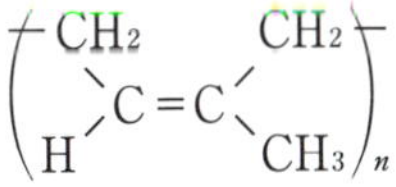

$$\left(\begin{array}{c}CH_2 \quad CH_2\\ \diagdown C=C \diagup \\ H \qquad CH_3\end{array}\right)_n$$

cis－1,4－イソプレンゴム IR

天然ゴム　NR

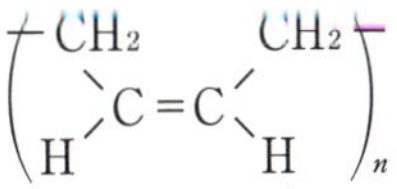

$$\left(\begin{array}{c}CH_2 \quad CH_2\\ \diagdown C=C \diagup \\ H \qquad H\end{array}\right)_n$$

cis－1,4－ブタジエンゴム BR

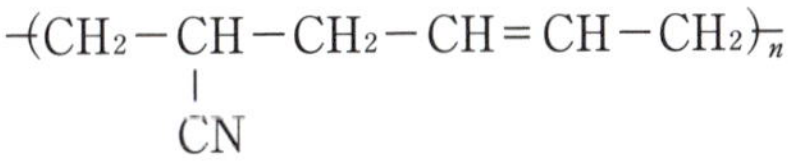

$$-(CH_2-CH-CH_2-CH=CH-CH_2)_n-$$
$$\quad\quad\quad |$$
$$\quad\quad\quad CN$$

アクリロニトリルブタジエンゴム NBR

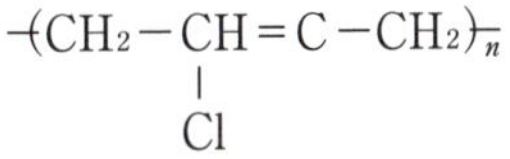

$$-(CH_2-CH=C-CH_2)_n-$$
$$\quad\quad\quad\quad |$$
$$\quad\quad\quad\quad Cl$$

クロロプレンゴム

エチレン部分　プロピレン部分　ジシクロペンタジエン部分

$$-(CH_2-CH_2-CH_2-CH-CH-CH)_n-$$
$$\quad\quad\quad\quad\quad\quad | \quad | \quad |$$
$$\quad\quad\quad\quad\quad CH_3 \; CH \; CH_2$$
$$\quad\quad\quad\quad\quad\quad\quad\quad CH$$
$$\quad\quad\quad\quad\quad CH-CH_2$$
$$\quad\quad\quad\quad\quad\quad\quad\quad CH$$
$$\quad\quad\quad\quad\quad CH=CH$$

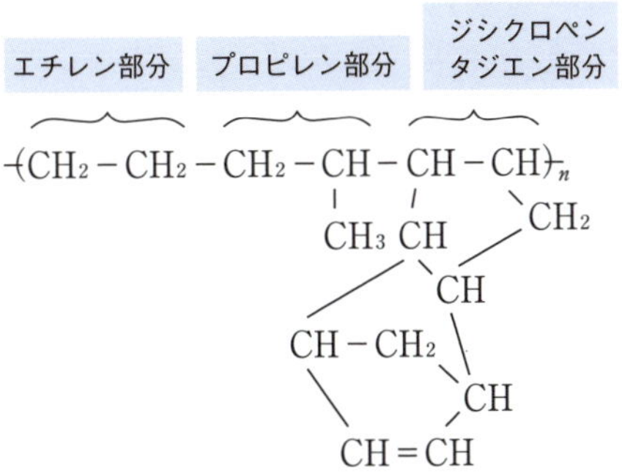

EPDM、EPR
（エチレンプロピレンゴム）

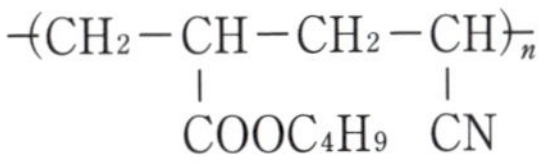

$$-(CH_2-CH-CH_2-CH)_n-$$
$$\quad\quad\quad | \quad\quad\quad |$$
$$\quad\quad COOC_4H_9 \; CN$$

アクリルゴム

4-13 セルロース、タンパク質

●セルロース材料、タンパク質材料

　セルロースは、ブドウ糖のような単糖類（中ブロック）が多数結合した大ブロックです。セルロースは、植物体を支える主成分なので、木材、草から得ることができます。紙（パルプ）、綿花、麻として昔から現在まで大量に使われています（図4-13-1）。

　たんぱく質は、アミノ酸（中ブロック）が多数重合した大ブロックで、すべての生物にとって重要な高分子です。酵素はタンパク質からできています。酵素は、洗剤成分のほか、一部の化学反応に使われていますが、化学産業での利用は限られています。また、タンパク質は動物体の主成分です。特に毛や皮は、羊毛、皮革として利用され、また特殊なものとしては昆虫の繭の材料を利用した生糸・絹があります。

●セルロースの化学的利用

　牛乳のタンパク質カゼインを使った合成繊維がつくられたことがありますが、タンパク質を化学的に利用する例は、酵素、バイオ医薬品以外あまり多くありません。一方、セルロースの化学的な利用はいくつかあります。

　高分子を合成する技術が生まれる前は、高分子としてのセルロースを利用する大規模な化学産業がありました。セルロイド、レーヨン、アセテート、セロファン、綿火薬などの工業です。しかし現在では、合成高分子に押されて縮小してしまいました。

　セルロースは、多数のOH基を持った高分子アルコールです。しかし低分子アルコールや同じ高分子アルコールであるデンプンと違って水にも有機溶剤にも溶けず、酸・アルカリにも強い材料です。多数のOH基によって高分子同士の相互作用が非常に強いためです。

　化学的には非常に利用しにくい材料でしたが、一部の溶剤（銅アンモニア溶液など）に溶解し、また硝酸でニトロ化したり、無水酢酸でアセチル化し

たりして OH 基を減らすと、多くの溶剤に溶け、成形加工できることもわかってきました。こうしてセルロースの化学的利用が始まりました。現在では、このほかにメチルセルロース、カルボキシメチルセルロースが、保水剤、増粘剤などとして利用されています（図 4-13-2）。

図 4-13-1　糖類の化学構造

ブドウ糖（グルコース）

デンプン（α—1,4—グリコシド）

セルロース
（β—1,4—グリコシド）

ブドウ糖 $C_6H_{12}O_6$ は、反応性のある水酸基を示すと $C_6H_7O(OH)_5$ と書けます。水酸基が 2 つ反応して水分子がとれる縮合重合によってでんぷんやセルロース $(C_6H_{10}O_5)_n = (C_6H_7O_2(OH)_3)_n$ ができます。でんぷんとセルロースの違いは、重合する際にブドウ糖の 6 角形が同じ面で並ぶか、交互に面の向きが変わるかの違いです。

図 4-13-2　セルロースの化学修飾

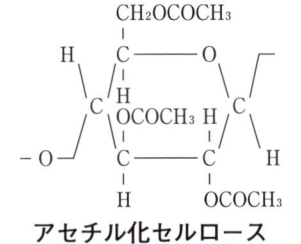

アセチル化セルロース

カルボキシメチル
セルロース

メチルセルロース

| アセトンなど有機溶剤に溶解する。化学繊維アセテートとして利用 | 水で膨潤する。医薬品の調剤用薬 | 水溶性、化粧品、食品用の乳化安定剤、増粘剤、感熱紙の保護コロイド剤 |

❗ 機能性高分子

　機能性高分子は機能性ポリマーとも呼ばれます。高分子化学品はプラスチックとして広く使われています。プラスチックという言葉は、本来は形をつくるものという意味です。金属やガラス、粘土などほかの材料に比べて高分子化学品が簡単に成形加工できることから、そのように呼ばれるようになったのでしょう。成形加工材料には、それなりの強度と耐熱性が必要です。高分子化学品は、その他にも接着力を生かして接着剤や塗料に使われています。

　機能性高分子は、強度、耐熱性、接着力のような昔から使われてきた機能以外の高分子が持つ性能を積極的に使うことを目的にしてつくられた高分子化学品です。第1章末のコラム、ノーベル賞受賞者で紹介した白川英樹先生がつくった導電性高分子はそのひとつです。コンデンサーや電池の電極材料として使われています。

　高分子化学品には透明な材料となるものがたくさんあります。PMMAは昔から有機ガラスとして透明なガラス用途に広く使われてきました。現在は光ファイバーとして、光通信の一端を担っています。高屈折率の高分子はメガネレンズに、含水性の高分子はソフトコンタクトレンズに活用されています。

　高分子化学品の化学的機能を使った機能性高分子はたくさんあります。化学反応を起させる機能を積極的に持たせた機能性高分子が、水の精製や触媒に使われるイオン交換樹脂、水の中の特定のイオンを吸着して集めるキレート樹脂、特定のイオンだけを選択的に通過させる高分子電解質膜です。高分子化学品へのガスなどの溶解度の差を積極的に使った機能性高分子がガス分離膜です。少し原理は違いますが、逆浸透膜もあります。高分子の長い鎖を有効に利用しているのが高分子凝集剤や高吸水性樹脂です。

　遺伝情報を担っている核酸高分子や酵素のような高度な触媒機能を発揮するタンパク質などの天然高分子と比べると機能性高分子はまだ発展途上です。

第5章

高分子成形加工製品

プラスチックやゴムは、成形加工されて
はじめて私たちが使う製品になります。
他の章と違ってこの章は、
機械加工の説明が中心になります。

5-1 成形加工法

●高分子化学品と成形加工

　高分子化学品は、金属、ガラス、セメント、セラミックス（陶磁器）、紙などの材料に比べて軽い（比重が小さい）だけでなく、成形加工しやすい点が大きな強みです。しかし、高分子の種類、性能によって、成形加工法が大きく異なるので、適切な方法を選択することが重要です。

●成形加工の前段階

　高分子化学品は、粉、粒（ペレット）、ペースト、エマルションの形で工場から出荷されます。重合前の配合原料あるいは少し重合したプレポリマーの状態（多くは液状）で出荷されることもあります。

　高分子の成形加工を行う際には、成形加工品に求められる性能を満たすために 3-5 節、3-6 節で紹介した樹脂添加剤、可塑剤を混練する必要があります。混練が終了した成形加工原料を樹脂コンパウンドといいます。ゴムの場合もまったく同様で、生ゴムにゴム薬品を混合し、練り込んだものをコンパウンドといいます。以下、主要な成形加工法を紹介します（表 5-1-1、表 5-1-2）。

●射出成形（インジェクション）

　プラスチック日用品、機械部品をつくる成形法です。熱可塑性高分子の代表的な成形加工法ですが、熱硬化性高分子にも適用されます。金属が切削加工によって複雑な形状の部品になるのに対して、高分子化学品は射出成形によって高速で部品になります。

　射出成形機は、油圧ポンプ、シリンダー、金型の 3 部分からなります。金型は成形する働きとともに冷却水を通すことにより成形品を冷却する働きもします。ホッパーからシリンダーに入った成形加工原料は、シリンダー内のスクリューで混合され押し込まれながら加熱溶融されます。溶融した原料は、シリンダーを注射器の筒、油圧ポンプで押されるスクリューを注射器のピス

トンとして、ノズルから高圧で金型内に一気に射出されます。金型内で硬化を行い、その後金型を開け、成形品を突き出して取り出します。射出から成形品取り出しまで、間欠的な操作になり、このサイクル時間が生産性を大きく左右します。

●押出成形

　射出成形と並ぶ代表的な高分子成形法です。フィルム、シート、パイプ、電線被覆、合成繊維、ネットなど様々な製品をつくる成形加工法です。もっぱら熱可塑性高分子の成形加工に使われます。押出機、ダイ（口金）、引取装置の3部分からなり、押出機のスクリューの回転と加熱で原料を溶融し、押し出して、成形加工品を連続的に得ることができます。押出機のスクリューは、射出成形機のスクリューに比べてはるかに大きなものです。

●中空成形（吹込成形、ブロー）

　熱可塑性高分子を使って、ビン、ボトルやプラスチックの石油缶、自動車のガソリンタンクのような中空容器をつくる成形加工法です。押出機、圧縮空気吹込み装置、金型の3部分からなり、間欠的に製品がつくられます。

　押出機から溶融した原料がチューブ状に押し出され垂れ下がると、開いていた金型が閉じてはさまれます。その瞬間に圧縮空気が吹き込まれ、軟らかい高分子は金型の内側に押し付けられて冷却されます。金型が開かれて中空製品が取り出されます。

●カレンダー加工

　いくつも組み合わさった熱ロールで、高分子をこね合わせ、圧延して、フィルム、シート、あるいはレザーのような貼り合せ品、エンボス加工のような表面加工品をつくります。高温にすると、加硫反応や分解反応が起ってしまう成形加工原料（ゴムコンパウンドやポリ塩化ビニル）によく使われる成形加工法ですが、設備は大型となります。

●圧縮成形

　熱硬化性高分子の代表的な成形加工法です。加熱した金型の空隙部（キャ

ビティ）に成形加工原料を入れ、圧縮加熱して反応・硬化させてから、金型を開いて製品を取り出します。しかし冷却硬化による熱可塑性高分子の射出成形に比べて、硬化反応による熱硬化性高分子の圧縮成形は、成形サイクル時間が長い点が欠点になります。

●積層成形

紙・布・マットなどにプレポリマーを含浸させたシートを重ねて加熱加圧して硬化させる成形法です。主に熱硬化性高分子に適用されます。

●注型

液状のプレポリマーやモノマーを型に流し込んでそのまま固まらせる成形加工法です。早くからPMMAの樹脂シートの製造に使われ、今ではエポキシ樹脂による半導体封止に、またメガネレンズモノマーからプラスチックレンズをつくる際にも使われています。

●2次加工

フィルムやシートは、そのまま使われるよりも、さらに熱成形・溶接・貼り合せ、表面装飾（塗装、金属蒸着、メッキ、植毛、エンボス）、打ちぬきなどの2次加工をされてプラスチック製品になる場合が多数あります。

フィルムやシートを加熱しながら、金属製の型に真空で吸い付ける真空成形、型に圧縮空気で押し付ける圧空成形、金型に挟み込むプレス成形などの2次加工（熱成形）によって、カップ麺の容器やスーパーのトレーなどが非常にすばやくつくられます。成形加工後のシートを打ちぬいた切り残し部分は、工場内で容易にリサイクルできます。

また、熱板溶接、インパルス溶接、熱線溶接、高周波溶接など様々な2次加工（溶接）によって、袋の製造や袋の封（ヒートシール）、プラスチック組み立て製品がつくられます。

表 5-1-1 主要な成形加工法

成形加工法	金型	空気吹込	主に使う高分子	原料の形	成形品のできかた
中空成形	あり	あり	熱可塑	コンパウンド	間欠
射出成形	あり	なし	熱可塑	コンパウンド	間欠
真空成形、プレス成形	あり	なし	熱可塑	シート	間欠
圧縮成形	あり	なし	熱硬化	コンパウンド	間欠
注型	あり	なし	両方	モノマー コンパウンド	間欠
インフレーション法（押出成形の一種）	なし	あり	熱可塑	コンパウンド	連続
押出成形	なし	なし	熱可塑	コンパウンド	連続
カレンダー成形	なし	なし	熱可塑	コンパウンド	連続
積層成形 ハンドレイアップ スプレーアップ	なし	なし	熱硬化	コンパウンド	間欠

表 5-1-2 プラスチック成形加工法と他素材加工法

プラスチックの成形加工法	他素材の加工法
中空成形	ガラス（ビン、手吹き製品）
プレス成形	金属（板金加工品）
圧縮成形	陶磁器（粘土の成形）
カレンダー成形	金属（圧延）
押出成形	ガラス（繊維）
回転成形※	陶磁器（ろくろによる粘土の成形）
注型	金属（鋳物）、セメント成形品、板ガラス（溶融すず上に溶融ガラスを注ぐ）
射出成形	なし（行い難い）

※プラスチック回転成形は、プラスチック粉を回転する熱い金型に投入して成形する方法

5・高分子成形加工製品

5-2 フィルム

●フィルムの製造法

　高分子のフィルムは、高分子の最大の需要分野です。多くの高分子のフィルムはスクリュー1本の1軸押出成形機でつくられますが、ポリ塩化ビニルやポリ塩化ビニリデンの軟質フィルム製品はカレンダー加工でつくられます。

　押出成形フィルムは、Tダイ法というノズル部分が平らな口金（ダイ）でつくられます（図5-2-1）。この方法はフィルムの厚み精度が確保しやすい長所があります。一方、円形のダイを使って、空気を入れて長い風船をつくりながら巻き取っていくインフレーション法は、非常に生産性の高い製造法です。ポリエチレンフィルムによく使われます。

●フィルムの大きな用途

　フィルムというと、農業に使う透明なハウスフィルム（ポリ塩化ビニル）、農地に敷く黒いマルチフィルム（低密度ポリエチレン）、スーパーで野菜、魚、肉などの包装に使われているラップフィルム（ポリ塩化ビニル）、家庭で使うラップフィルム（ポリ塩化ビニリデン）、生花を包む透明なフィルム（ポリプロピレン）が思い浮かびますが、それだけではありません。2次加工されて、袋になったフィルムも大量にあります。スーパーのレジ袋（高密度ポリエチレン）のほか、多くの食品・菓子類の包装袋は、様々な種類の高分子やアルミ箔、紙などが貼り合わされたラミネートフィルムです。ラミネートにすることによって、印刷性、ガスバリア性（特に酸素遮断性能）、ヒートシール性など、袋に要求される様々な性能に対応できます。

●延伸フィルム

　押し出したフィルムを縦方向に延伸しながら巻き取ったものを1軸延伸フィルム、横方向にも延伸したものを2軸延伸フィルムと呼びます。延伸フィルムは、加熱すると収縮するので、シュリンクフィルムとして包装用に使わ

れます。PETボトルの胴部にきちっと巻いてあるフィルムが典型的な例です。

●機能フィルム

　気がつかないところにも、重要な高分子機能フィルムが使われています。たとえば大画面の液晶テレビ、パソコンの液晶画面には、偏光フィルム、カラーフィルタなど多くの光学フィルムが使われています。このほかにもタッチパネル用フィルム、リチウムイオン電池用セパレータフィルム、太陽電池用保護フィルム、燃料電池用電解質膜、純水製造や海水淡水化用の非対称型逆浸透膜、ガス透過性やガスバリア性フィルム、熱線反射フィルムなど様々なフィルムがあります。これらの機能は高分子自体の性能だけでなく、成形加工（高分子鎖の配向、フィルムの孔の制御）によって発揮されています。

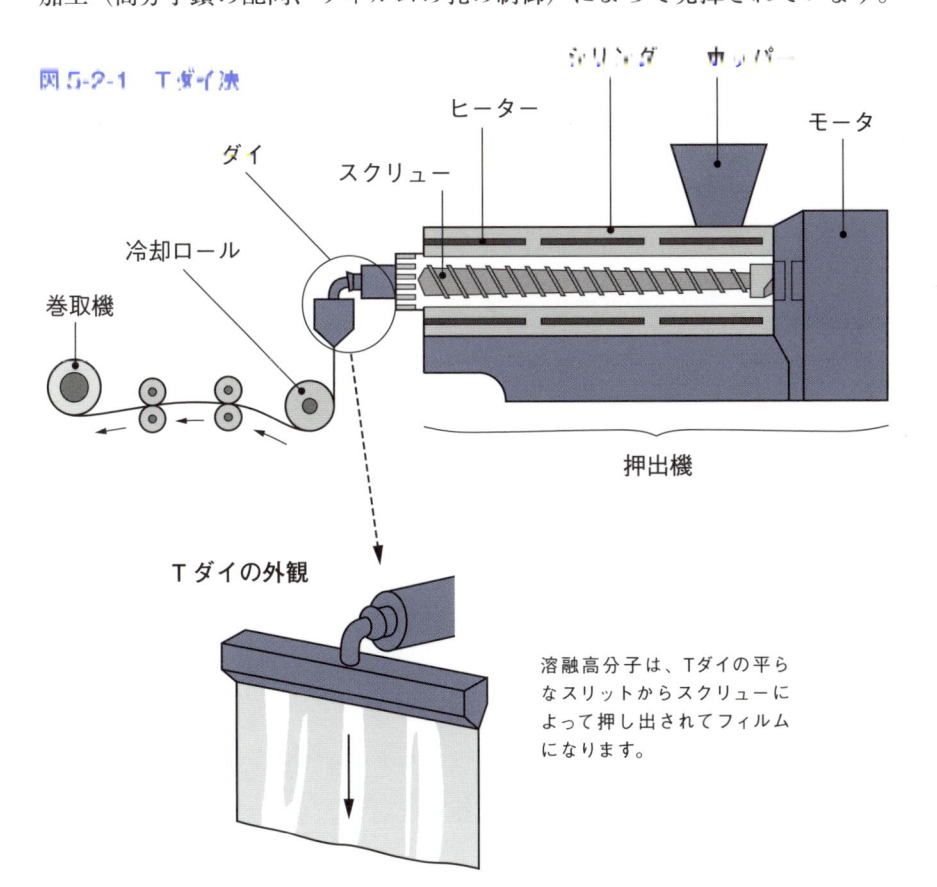

図 5-2-1　Tダイ法

Tダイの外観

溶融高分子は、Tダイの平らなスリットからスクリューによって押し出されてフィルムになります。

5-3 シート、パイプ

●シート

　シートは、フィルムより厚手の膜状製品のことです。フィルムと同じくTダイ法により押出成形でつくります。身近なシート製品としては、文房具のクリアファイル（ポリプロピレン）があります。しかしシートはそのままで使われるよりも、2次加工のひとつである真空成形（図5-3-1）され、透明な箱（いちごや卵の入れ物）、カップ、トレーのような口の広い包装容器として大量に使われています。これらの容器をみても、シートであることをほとんど意識させません。

●パイプ

　ポリ塩化ビニルのパイプ、波板、雨樋、サッシは、代表的な硬質塩ビ製品であり、パイプ用の円形などそれぞれの断面形状にあったダイを使った押出成形でつくられます。ポリ塩化ビニルは、流動性が悪い上に高温で分解しやすいので、スクリュー2本の異方向回転2軸押出機が使われます。

　ポリ塩化ビニルのパイプは主に下水配管に使われます。最近、鋼管に代わってポリエチレンパイプがガス管に使われるようになってきました。錆びない上に、地震に強く、また鋼管との交換の際に、施工が簡単という長所が評価されたためです。またゴムやポリ塩化ビニルのホースも押出成形でつくられますが、消防ホースのような太いホースは布の上に高分子をコーティングしています（図5-3-2）。

●電線被覆

　銅線の上に電気絶縁のためにポリ塩化ビニルやポリエチレンで被覆した電線も、特殊なダイを使った押出成形法でつくられます。金属パイプの表面にポリエチレンなどをコーティングする場合も同じような構造の口金が使われます（図5-3-3）。

図 5-3-1 真空成形

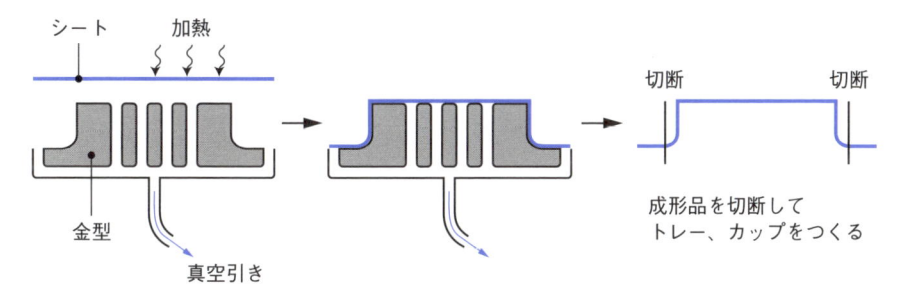

シート　加熱　切断　切断

金型
真空引き

成形品を切断して
トレー、カップをつくる

図 5-3-2 パイプ用ダイの構造

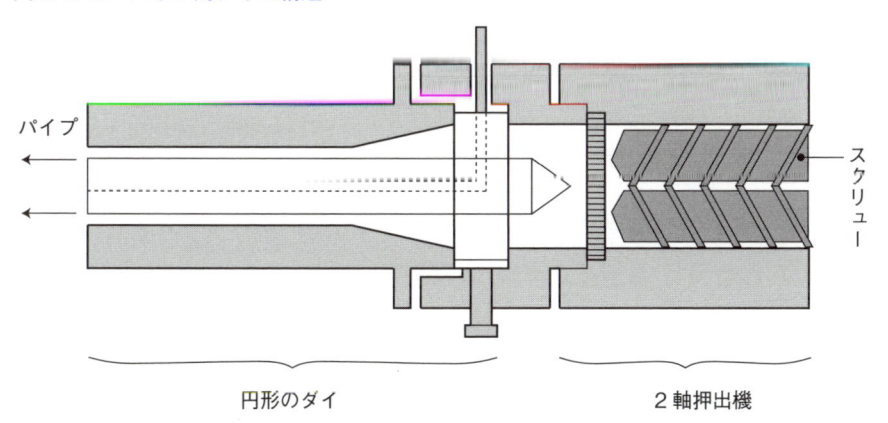

パイプ
スクリュー
円形のダイ
2軸押出機

5・高分子成形加工製品

図 5-3-3 電線被覆用ダイの構造

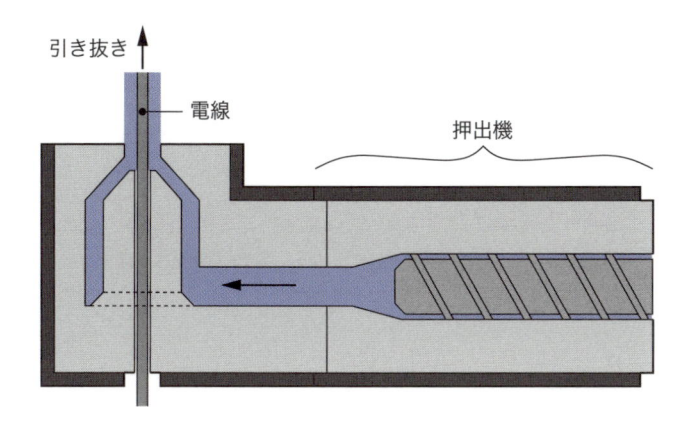

引き抜き
電線
押出機

111

5-4 合成繊維

●紡糸（スピニング）

　合成繊維をつくることを紡糸といいます。合成繊維も押出法でつくられます。紡糸機の基本構成は、押出機、ノズル（口金）、巻取り装置からなります。
　溶融または溶剤に溶解した高分子は糸切れを防ぐためにギアポンプで圧力が均一化され、ろ過されてノズルから押し出されます。紡糸したままでは「そうめん」のように折れやすく強度が出ないので延伸が必要です。延伸によって繊維方向に高分子が配列・結晶化し、はじめて強度が出ます。

●紡糸法

　ナイロン繊維やポリエステル繊維は、加熱溶融した高分子をノズルから押出し冷却して紡糸します(溶融紡糸)。アクリル繊維(ポリアクリロニトリル)は、溶剤に溶かし、溶液をノズルから押出して紡糸します。空気中に押し出して溶剤を蒸発させる方法（乾式紡糸）と凝固浴と呼ばれる溶剤の中に押し出して高分子を析出させる方法（湿式紡糸）があります（表5-4-1)。
　ノズルの構造や孔の形を工夫することによって、断面が円形以外の繊維や混ざり合わない異種高分子から成る繊維をつくることができます。このような繊維は、絹のような光沢を持った高級繊維、人工腎臓や海水淡水化装置に使われる中空糸、人工皮革やワイピングクロス（メガネ拭き）に使われる超極細繊維など様々な機能を持った繊維として利用されています。

●長繊維（フィラメント）、短繊維（ステープル）

　天然繊維にも連続した生糸（絹）と数10cm程度の綿花、羊毛のようなワタ状の繊維があります。前者を長繊維(フィラメント)、後者を短繊維(ステープル）といいます。合成繊維は、製造方法によってどちらでもつくることができます。
　合成繊維長繊維は、十数個の孔を持った1つのノズルから出たファイバー

を撚り合わせて1本の糸（ヤーン）にし、延伸してつくります。薄手の布ができます。また、熱可塑性高分子の特性を生かして、長繊維糸を2次加工（熱成形）してラセン構造などを持たせることができます。加工糸といい、厚手の布をつくることができます。

一方、合成繊維短繊維は、非常に多数の孔を持った大きなノズルで紡糸、延伸した後、カットしてワタ状につくられます。短繊維は、綿花、羊毛などと混合した後、紡績（混紡）することができ、天然繊維と合成繊維の両方の長所を備えた紡績糸をつくることができます（表5-4-2）。

表5-4-1　主要な合成繊維の紡糸法と使われ方

合成繊維	紡糸法	長さ	用途
ナイロン（ポリアミド）	溶融紡糸	長繊維	靴下、ストッキング、婦人服、水着、裏地、ビル用じゅうたん、タイヤコード
ポリエステル	溶融紡糸	長繊維	ズボン、婦人服、裏地、タイヤコード
		短繊維	紳士服、婦人服、ワイシャツ
アクリル	湿式紡糸、乾式紡糸	短繊維	婦人服、セーター、家庭用じゅうたん、カーテン
ポリプロピレン	溶融紡糸	長繊維	じゅうたん
アセテート※	乾式紡糸	長繊維、短繊維	タバコフィルター
レーヨン※	湿式紡糸	長繊維、短繊維	裏地、下着

※アセテート、レーヨンはセルロースが原料なので、厳密には合成繊維でない

表5-4-2　長繊維と短繊維の比較

	長繊維	短繊維
紡糸延伸	十数本ずつのファイバー単位で扱うので、設備費がかかり、しかも糸切れを起こしやすい	数百〜数千本のファイバーを太い束として扱う
糸(ヤーン)	そのままヤーンとなる。加工糸をつくることも可能	紡績工程を経て、はじめてヤーンとなる
ほかの繊維との混用	ヤーン段階での混用は不可能。織物編物段階で可能	ワタ段階での混合が容易で混紡糸ができる

5-5 射出成形品

●日用品から精密機械部品まで

　高分子射出成形加工品は、バケツ・コップやプラモデルのような日用品から歯車のような高い寸法精度・強度が要求される機械部品まで、非常に幅広く利用されています。小型製品ばかりでなく、自動車のバンパーのような大型の製品も射出成形でつくられます（図5-5-1、図5-5-2）。

●プラスチックの強み

　射出成形は、熱可塑性高分子の長所を最大限に発揮した成形加工法です。金属、ガラス、木材、紙などはもちろん、天然ゴムでも容易に利用できない方法です。複雑な形状の製品を一気に、しかも短時間で大量につくり出すことができるため、プラスチックの利用を急速に拡大させました。

　射出成形品は、金型に溶融高分子が流れ込む部分（ゲート）の跡がおへそのように残るので見分けられます。しかし、2次加工によって、きれいに除かれていることもあります。

●金型

　中空成形、圧縮成形でも金型を使いますが、射出成形では金型の中を瞬時に溶融した高分子が流れ、行き渡った後に、冷却されて成形加工品として取り出されるので、金型のつくり方は特に重要です。金型の設計においては、押出機のノズルからいくつのゲートでどのようなルートを通って溶融高分子を流し入れるのか、成形品の強度や表面のきれいさをいかにつくり出すか、寸法精度をいかに高く保つか、成形品のソリなどの原因となる残留応力をいかに小さくするかなど、様々な点を考慮しなければなりません。しかも成形加工する高分子コンパウンドの種類ごとに流動性、収縮率などが異なるので難しさが倍増します。最近はコンピュータシミュレーションが活用されています。

図 5-5-1　射出成形機の構成

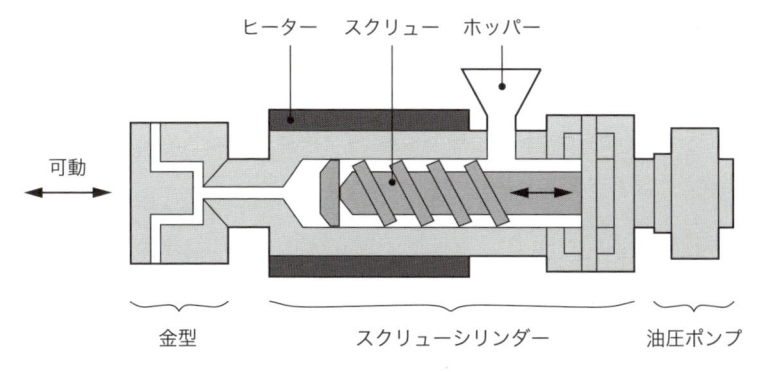

可動　金型　｜　スクリューシリンダー　｜　油圧ポンプ

ヒーター　スクリュー　ホッパー

図 5-5-2　射出成形の1サイクル

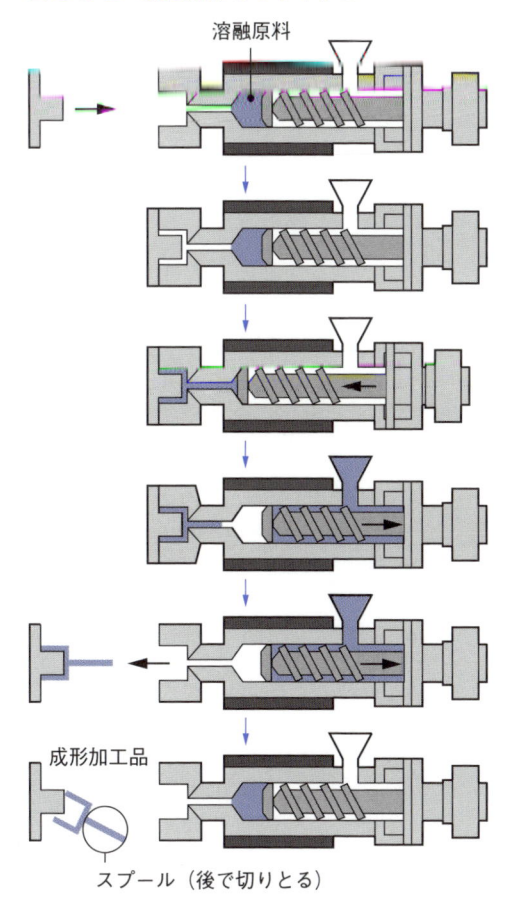

スタート
（金型開放、シリンダーに溶融原料）

溶融原料

型閉じ・型締め
（金型をしっかり締めることが重要）

射出
（押出機と異なり、一気に溶融原料がノズルから金型に射出される）

冷却
（金型に冷却水が流される。一方シリンダーに次の原料が投入される）

型開き
（金型が開く一方、シリンダー内で原料混合溶融）

取り出し
（成形品が突き出されて取り出される。シリンダーの溶融原料がノズル近くに送りこまれる）

成形加工品　スプール（後で切りとる）

5．高分子成形加工製品

5-6 ボトル

●軽量、透明

　ほかの液体容器と比較した場合、プラスチックボトルの強みは軽量と透明です。ガラスビンに比べて圧倒的に軽く割れる心配もありません。また金属缶に比べると透明で中味が見える点が大きな長所です。
　それに加えてプラスチックボトルは、成形加工の生産性が高く、安価です。プラスチックボトルもガラスビンも中空成形法でつくられますが、プラスチックの方がはるかに低温なので、生産性が高くなります。

●様々な中空成形法

　中空成形法によるボトルは、底をみると金型の合わせ目の線が横に走っているのでわかります。中空成形法としては、5-1節で説明した方法のほか、様々なバリエーションが開発されてきました。あらかじめ射出成形によってパリソンといわれる試験管のような形をつくり、加熱したパリソンを金型で押さえた後に圧縮空気で膨らませる射出吹込成形（インジェクションブロー）、加熱したパリソンを縦方向にあらかじめ延伸した後に吹込成形を行う延伸吹込成形法などです。
　なお、中空成形法は、必ずしもボトルのような製品だけでなく、2次加工によって上下を切り取り、大型の複雑なパイプ状の中空成形品もつくられ、自動車部品などに盛んに使われています（図5-6-1）。

●高分子同士の競合

　中空成形法によるボトルが得意な高分子は、高密度ポリエチレンです。シャンプーボトル、石油缶、プラスチックドラム缶などは、この高分子でよくつくられます。薬局でもらう飲み薬のプラスチックビンも高密度ポリエチレンですが、この高分子は球晶という結晶をつくりやすいので、ボトルは半透明になります。透明なボトルとしては、以前はポリ塩化ビニルがよく使われま

した。しかし、延伸吹込成形法が完成すると、ポリプロピレンやPETの透明で耐衝撃性に優れたボトルがつくられるようになり、特にPETボトルは短期間に広く普及しました。

●ガスバリア性

ガラスビンや金属缶に比べてプラスチックボトルの弱みは、ガスバリア性の低さです。添加用樹脂やラミネート製品の開発によってかなり改良され、清涼炭酸飲料には、すでに広くPETボトルが使われています。しかし、未だにビールには使われません。

図5-6-1　中空成形の工程

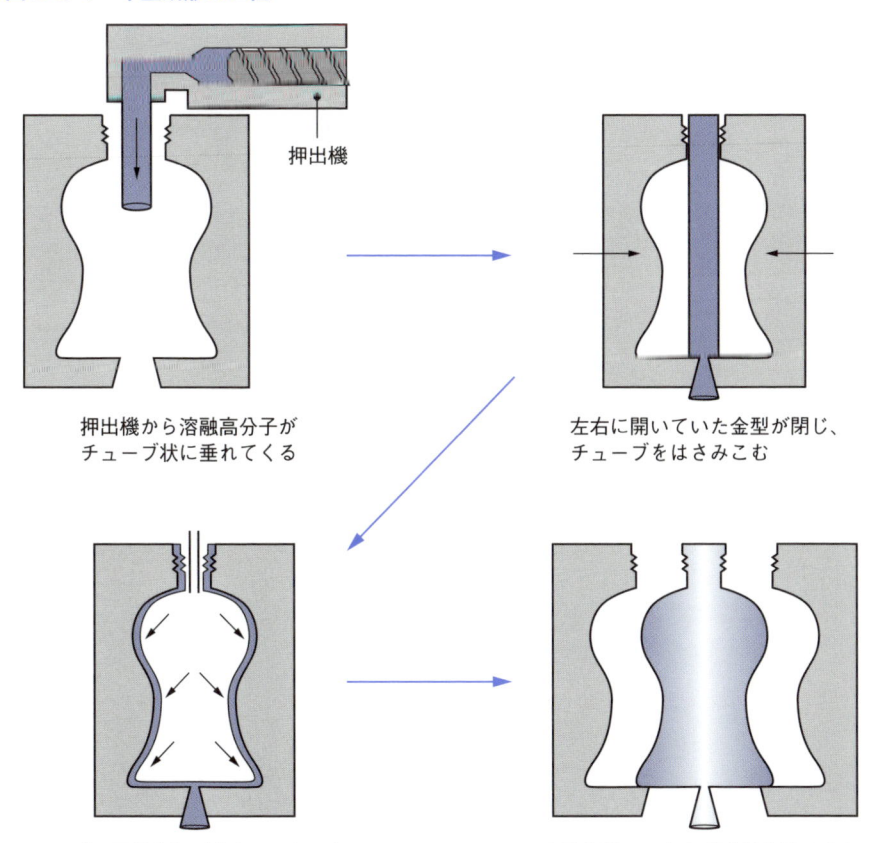

押出機

押出機から溶融高分子が
チューブ状に垂れてくる

左右に開いていた金型が閉じ、
チューブをはさみこむ

チューブに圧縮空気が吹きこまれると
金型に高分子が押しつけられ冷却される

金型を開いて中空成形品を取り出し、
余分な部分を切りとる

5・高分子成形加工製品

5-7 発泡品、ペースト品

●性能と発泡方法

　発泡プラスチック製品は、ほかの材料では得られない軽量さ、断熱性、吸音性、弾力性、浮力などの優れた性能によって利用されています。すべての高分子に適用できる発泡方法として、発泡剤を用いる方法があります。3-5節で紹介した有機発泡剤は、加熱によって分解しガスを発生して高分子を成形しながら発泡させます。ブタン、炭酸ガス、石油エーテルなどの気体や揮発性溶剤を高分子に吸収させておく方法もあります。発泡倍率は高分子の種類、使用目的により、数倍から80倍くらいになります。

　発泡構造も、独立気泡になっているものは、断熱材、浮力材、電気絶縁材に適し、連続した通気性気泡になっているものはスポンジやろ過材に使われます。よく見かける発泡ポリスチレン、発泡ポリウレタンのほかに、発泡ポリエチレン（包装材、電気絶縁材）、発泡ポリ塩化ビニル（建材、軽量構造材、レザー）、発泡EVA（サンダル）など多くの高分子が発泡品として使われています。発泡品は、成形品の形に応じて、射出成形法、押出成形法が使用されます。

●発泡ポリスチレン

　代表的な発泡プラスチック製品で、低倍率品から高倍率品まであります。高倍率品はブタン、石油エーテルなどをあらかじめ含浸させたEPSというビーズ状高分子が使われます。低発泡品であるトレー用の発泡ポリスチレンシートはインフレーション法でつくられています。

　ポリスチレンは本来硬い高分子ですが、発泡することにより軟らかい製品になります。梱包緩衝材、断熱材、軽量構造材、電気絶縁材、シートなどに使われるほか、畳の芯材（わらの代替品で畳を軽量化した）や道路の下にも使われています。

●発泡ポリウレタン

ポリウレタン原料であるイソシアネートが水と反応して炭酸ガスを発生する反応を利用して、発泡、重合、成形加工を同時に進めてつくられます。クッションやスポンジとして使われる軟質ウレタンフォームと断熱材、軽量構造材に使われる硬質ウレタンフォームがあります。

●ペースト製品

ポリ塩化ビニル、ゴムなどの高分子エマルションやペーストを布にコーティング（コーティング成形法）したり、型を浸したり（ディップ成形法）してつくられる製品がペースト製品です（図5-7-1、図5-7-2）。レザーやコーティング布、ゴム手袋、長靴、コーティング金網、コーティング鋼板などがあります。レザーは、カレンダー成形で布に高分子シートを貼り合せるつくり方もありますが、ペースト製品は薄物もつくれます。またペーストに発泡剤を加えることにより、発泡コーティング品もつくられます。

図5-7-1　コーティング成形法

ロールコーター　　ナイフコーター

ナイフエッジで余分なペーストをかきとる

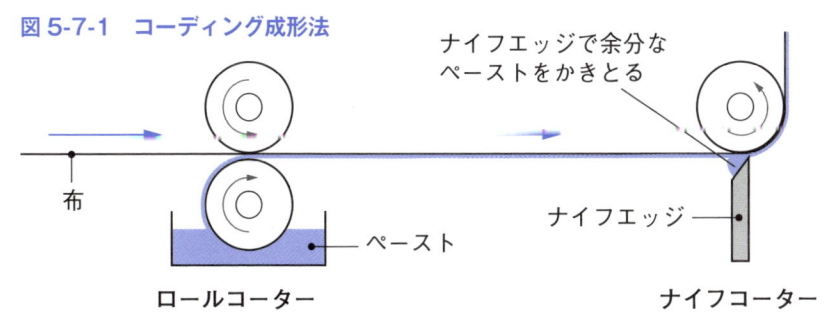

布　　ペースト　　ナイフエッジ

図5-7-2　ディップ成形法

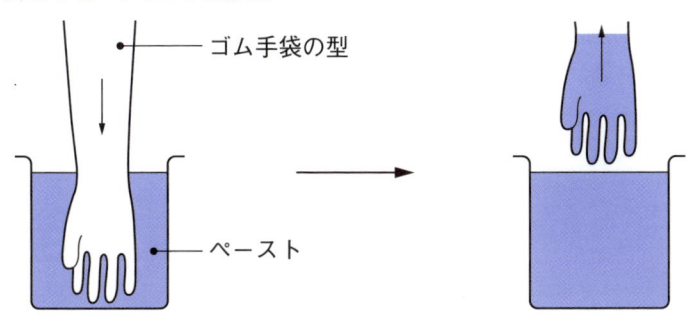

ゴム手袋の型　　ペースト

5-8 圧縮成形、ゴムの型加硫

●熱硬化性高分子の圧縮成形

熱硬化性高分子の成形には、圧縮成形法と 5-9 節で述べる積層成形法がよく用いられます。圧縮成形法は、後で述べるゴムの型加硫にも用いられ、最も古くから用いられてきた成形法です。熱可塑性高分子の射出成形法と同じように金型内への原料投入、金型の締め、加熱・反応・硬化、金型開け、製品取り出しという間欠的な操作になります（図 5-8-1）。しかし、5-1 節で述べたように熱可塑性高分子の射出成形法に比べて成形サイクルが長いという欠点を持ちます。

●トランスファー成形法

成形サイクル時間を短縮するためにあらかじめ成形原料を加熱軟化しておき、これをキャビティに圧入して硬化させる方法がトランスファー成形法です。射出成形機の押出機のスクリュー内で熱可塑性高分子を溶融しておく方法に似ていますが、熱硬化性高分子では長時間にわたって成形原料を高温下に置くわけには行かず、1回分ずつ行うことになります（図 5-8-2）。

●ゴムの型加硫

ゴムの成形加工は、熱硬化性高分子の成形加工法と原理的には同じです。熱硬化性高分子の場合、硬化反応によって、高分子3次元網目構造が出来上がり、硬化した成形品が得られます。一方、ゴムの場合には、加硫反応によって、ゴム高分子鎖が硫黄によってつながれ、3次元網目構造になります。

ゴムの型加硫は、コンパウンドを金型に入れ、加熱圧縮成形して加硫反応を行う成形法です。これに対して、金型を加熱せずに圧縮成形を行い、あるいはカレンダーロールでシートなど冷間成形品をいったんつくってから、これを缶の中に置き、高温高圧下で加硫反応を起して成形加工を完成する方法を缶加硫といいます。ベルト上に冷間成形品を置いて移動する間に熱風に

よって加熱して加硫を完了させる方法を連続加硫といいます。

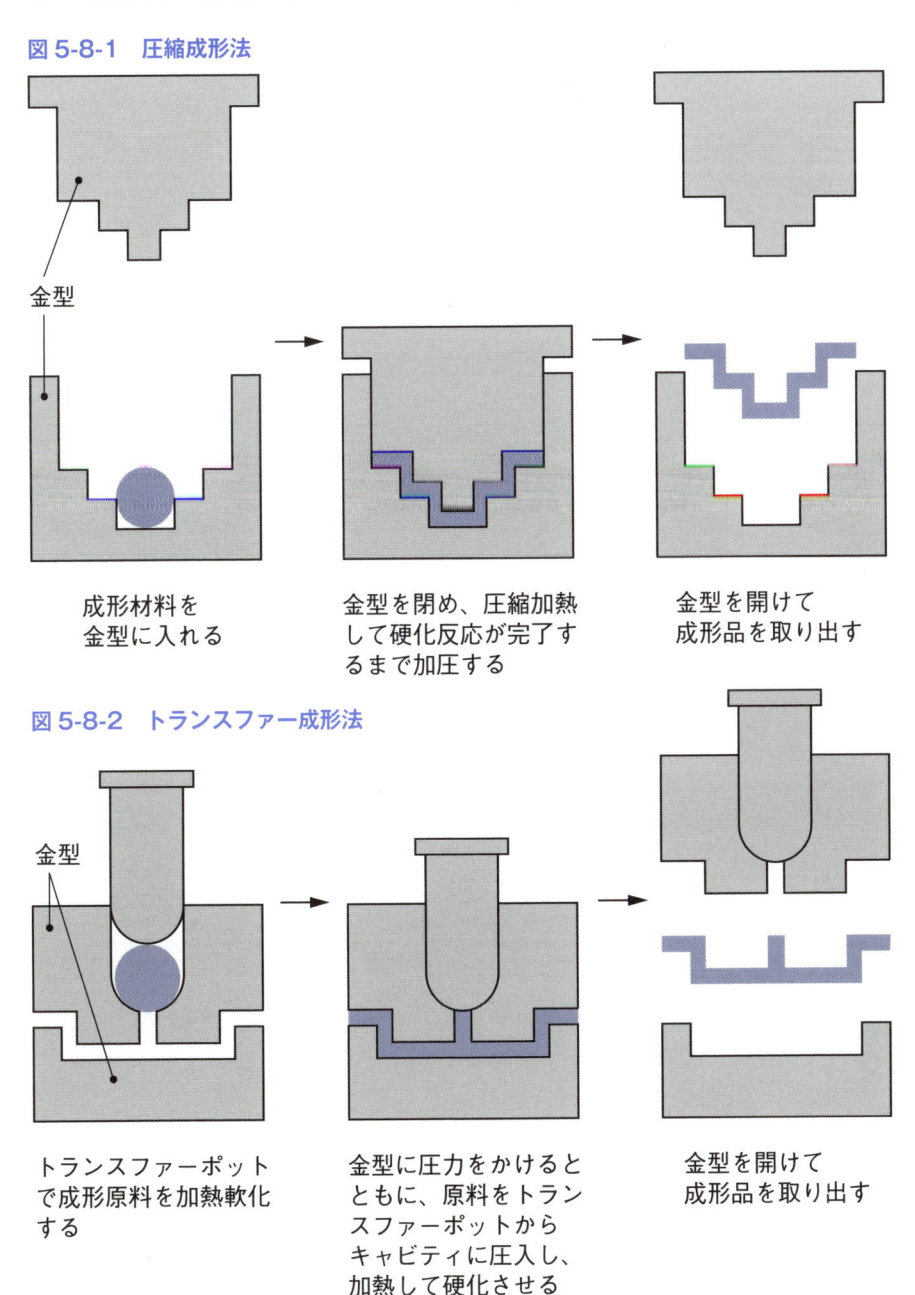

図 5-8-1　圧縮成形法

金型

| 成形材料を金型に入れる | 金型を閉め、圧縮加熱して硬化反応が完了するまで加圧する | 金型を開けて成形品を取り出す |

図 5-8-2　トランスファー成形法

金型

| トランスファーポットで成形原料を加熱軟化する | 金型に圧力をかけるとともに、原料をトランスファーポットからキャビティに圧入し、加熱して硬化させる | 金型を開けて成形品を取り出す |

5-9 FRP、積層成形品

● FRP

　繊維強化プラスチック Fiber Reinforced Plastics の英語の頭文字をとって FRP といいます。3-5 節で述べたように、熱可塑性高分子でも短繊維を充填材、補強材に加えることはよく行われます。これに対して FRP は、繊維の量がはるかに多く、しかも熱硬化性高分子を使うことが多く、繊維と高分子が一体化するので、プラスチック成形加工品というよりも、新しい複合材料と考えられます。高分子部分をマトリックスとか、マトリックス樹脂と呼ぶこともあります。繊維としては、衣料用繊維ではなく、ガラス繊維、炭素繊維、アラミド繊維のような強度の高い産業用繊維が、短繊維や長繊維のマット状、シート状で使われます（図 5-9-1）。

● 積層成形品

　紙や布、繊維マットに樹脂を含浸させたシート（プリプレーグ）を高圧あるいは低圧で加圧加熱して硬化圧着させた成形品を積層成形品といいます（図 5-9-2）。

● 不飽和ポリエステル−ガラス繊維

　古くから、大量に使われている FRP です。漁船、プレジャーボート、プラスチックタンク、ユニットバスルーム、キッチンセットなど、ほかの成形加工法ではできない大型の成形加工品がつくられます。ガラス繊維マットで形をつくり、これにポリエステルプレポリマーを含浸させ、無圧または加圧下で硬化させます。ポリマーをローラーで塗る方法をハンドレイアップ、スプレーガンで吹き付ける方法をスプレーアップと呼びます。ひとつひとつ、手作りに近い方法です。これをもっと機械化した SMC（シートモールディングコンパウンド）、BMC（バルク）、FW（フィラメントワインディング）、連続積層などの成形法もあります。

●エポキシ樹脂-ガラス繊維

電気配線板に使われる代表的な積層板です。フェノール樹脂、ポリイミドなど熱硬化性高分子を変えたものや金属箔をはさんだものなど用途に応じて様々なものがあります。

●エポキシ樹脂-炭素繊維

かつては炭素繊維を使った製品は、釣り竿、テニスラケットのような小型の製品でしたが、最近は大型航空機の羽根、風力発電用風車の羽根のような超大型の成形加工品がつくられ、使われるようになりました。金属と同等の強さと軽さが評価されるようになったからです。今後は、自動車のさらなる軽量化を達成するために自動車車体に採用されることが期待されます。

図 5-9-1　FRP、積層成形品の繊維と用途

繊維	マトリックス樹脂	用途
ガラス繊維 炭素繊維 アラミド繊維 その他の合成繊維	エポキシ樹脂 不飽和ポリエステル樹脂 フェノール樹脂 メラミン樹脂 熱硬化性アクリル樹脂 ケイ素樹脂 ポリイミド	電気配線板 化粧板 漁船、プレジャーボート プラスチックタンク、サイロ ユニットバスルーム、水槽 自動車部品 航空機部品 風力発電の風車羽根

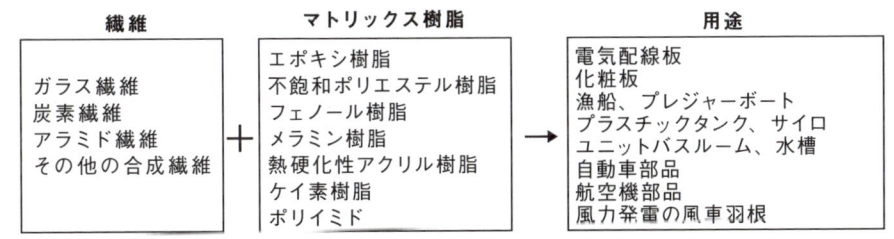

図 5-9-2　積層板の成形法

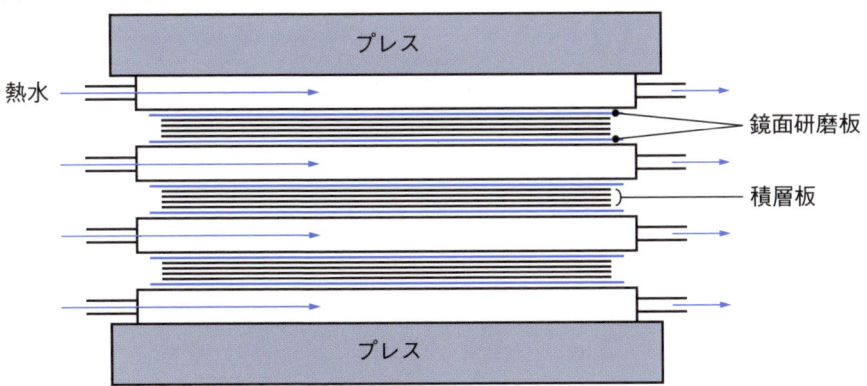

プリプレーグを積み重ねた積層板を鏡面研磨板ではさみ、プレスしながら、加熱して硬化反応を進めます。

5-10 タイヤ

●ゴムの8割

ゴム製品は、ベルト、ホース、工業部品、運動靴、ボール、医療用品など様々な分野に使われますが、ゴム製品生産量の8割をタイヤ（チューブを含む）が占めます。いかにゴム弾性によって自動車、自転車の乗り心地が改善されているかが、よくわかる数字です。

●ゴム製品？複合材料？

タイヤはゴム製品の代表です。しかしゴムはタイヤの重量の半分を占めるにすぎません。タイヤの重量の25%は補強材としてのカーボンブラックです。さらに15%はカーカスと呼ばれるタイヤの骨組みをつくり上げている繊維です。カーカス用繊維としては、ナイロン繊維、ポリエステル繊維、アラミド繊維、スチール線が使われます。残りは、ビードワイヤー（鉄線）5%、その他配合剤5%です。このようにタイヤは、ゴム製品というよりも、FRPのように、ゴム、カーボンブラック、繊維、ビードワイヤーの複合材料といえましょう。

●タイヤの製造

タイヤは、道路に接するトレッド部、タイヤの側面のサイドウォール部、トレッド部とサイドウォール部の中間のショルダー部、ホイールと組み合わさってタイヤをホイールに固定するビード部からなります。タイヤを製造する際には、まずロールでゴムを練りゴム薬品を混合した後、ゴム板（シート）をつくります。これをトレッド押出機で押し出し、タイヤの長さに切ってトレッド部をつくります。また、カレンダー成形で繊維にゴムを被覆させ、カーカス部をつくります。ビードワイヤー押出機でビードワイヤーにゴムを被覆してビードワイヤー部をつくります。電線被覆に似ています。

こうして別々につくったトレッド部、カーカス部、ビードワイヤー部を

組み合わせて、表面がツルツルのグリーンタイヤ（生タイヤ）をつくります。これをプラダーという装置に入れて、金型に押し付け加熱加圧して、トレッドパターンをつけながら加硫反応を進めると、タイヤが完成します（図5-10-1）。

図5-10-1　タイヤの製造工程

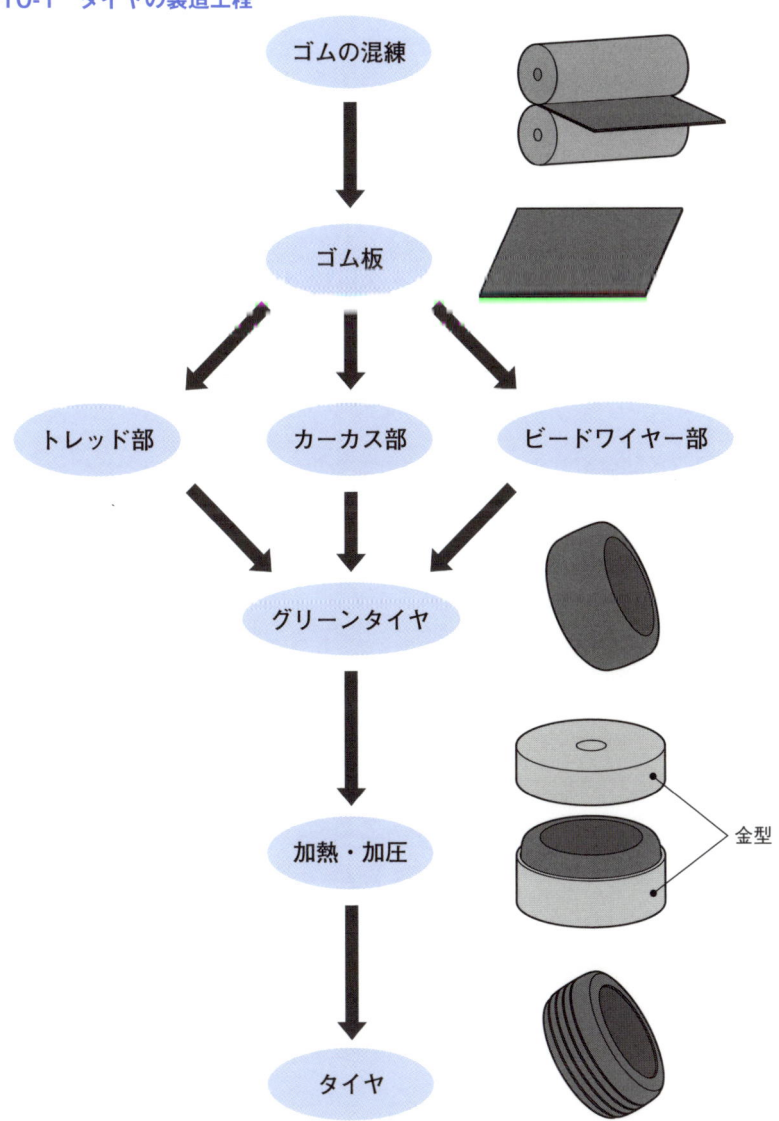

ゴムの混練 → ゴム板 → トレッド部／カーカス部／ビードワイヤー部 → グリーンタイヤ → 加熱・加圧（金型） → タイヤ

⚠ 化学製品と安全性

　化学製品は、本書で紹介しているように非常に広く使われています。毒性、腐食性、爆発性などの激しい性質が明らかな化学製品は、慎重に扱われ、法律でも厳しく規制されています。しかし、安全と思われていた化学製品に意外な副作用があったり、微量な不純物や副生物が非常に有害であったりして起した事件が過去にいくつかありました。

サリドマイド事件
　睡眠薬として販売されたサリドマイドを、妊婦が服用した場合に四肢の発育不全（アザラシ症）の子が生まれた事件です。サリドマイドの分子構造に不斉炭素が1箇所あり、その結果生まれるキラル異性体の片方にだけ催奇性を持つために起きました。

PCB、DDT
　PCB（ポリ塩化ビフェニル）は、熱溶媒や変圧器・コンデンサーの絶縁油、またノーカーボン紙の溶媒として使われました。またDDTは、第2次世界大戦中に開発され、シラミやノミ駆除の公衆衛生用薬や農薬（殺虫剤）として使われました。このような有機塩素化合物は自然界で分解されにくく、しかも脂肪に蓄積しやすいので、食物連鎖によって濃縮され、猛禽類への悪影響やカネミオイル事件（加熱媒体に使ったPCBが食用油に混入して起きた中毒事件）によって毒性も確認されました。また有機塩素系農薬（除草剤）では、副生物として混入したダイオキシンが環境中に散布されました。

水俣病
　1950年代、アセチレン化学の時代に、アセチレンと水を反応させてアセトアルデヒドをつくる際に触媒として使われた水銀イオンから、メチル水銀が副生し、排水から環境中に放出されたために、プランクトン、魚、ヒトという食物連鎖により起こった中枢神経疾患の公害病です。

第6章

医薬品、医療用化学品

第2章、第3章の小ブロック、中ブロックを
組み合わせて様々な最終化学品がつくられます。
その中で医薬品は、最大の分野なので
独立した章を立てて説明します。

6-1 医薬品

●医薬品とは

　医薬品は薬事法で厳しく規制されています。薬事法違反で逮捕される事件が時々報道されます。国の許可を得なければ、製造も販売もできない上に、国の承認を得た品目でなければ医薬品として製造販売してはなりません。広告も厳しく規制されており、勝手に効能を宣伝すると違反になります。

　薬事法では、医薬品は、人や動物の病気の診断・治療・予防の目的に使用するもの、または人や動物の身体の構造や機能に影響を与えることを目的とするものと定義（目的規制）されています。ただし、機械器具や衛生用具でないものです。日ごろ医薬品という言葉からは病気の治療薬が連想されますが、薬事法ははるかに幅広く医薬品を定義し規制対象にしています（図6-1-1）。

●医薬品の具体例

　具体的には国が定める日本薬局方（厚生労働省告示）という規格基準書に掲載されているものが現在承認されている医薬品です。最新時点で約1400が掲載されています。いかにも医薬品らしい複雑な構造の化学品のほかにも、酸素、窒素、二酸化炭素、水（常水、精製水、滅菌精製水）、水酸化ナトリウム（苛性ソーダ）、牛脂、ゴマ油、やし油、石油ベンジンのような化学原料（第1章）や基礎化学品（第2章）で紹介した簡単な構造の化学品も医薬品とされています。

　このような化学品や化学原料でも、治療目的など薬事法で定める目的に使用する場合には医薬品になるので、日本薬局方に決められている性状、品質のものを使わなければならないということです。

●医薬部外品

　薬事法には医薬品に加えて医薬部外品という言葉が出てきます。医薬部外品という言葉は、時々聞くと思います。医薬品の定義にかなう目的で使用さ

れるもののうち、人体に対する作用が緩和なものをいいます。医薬部外品も医薬品と同様の厳しい規制を受けていますが、販売業の許可なしで販売ができるので、薬局以外でも自由に販売できる点が異なります。医薬部外品は、医薬品に準じるものという説明がよく使われます。

　薬事法に示されている医薬部外品の具体例としては、口臭防止剤、育毛剤、家庭用殺虫剤のようなものでしたが、2000年前後から規制緩和によって、それまでは医薬品であったビタミン剤、栄養ドリンク剤、消化薬、整腸薬、うがい薬などが続々と医薬部外品に移されたので、医薬品との違いがわかりにくくなっています（図6-1-2）。

図6-1-1　医薬品とは

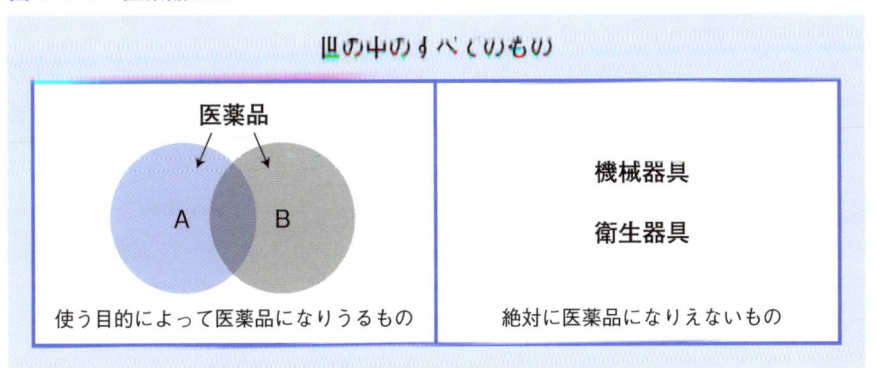

```
            世の中のすべてのもの
   ┌──────────────────┬──────────────────┐
   │       医薬品      │                   │
   │    ╱╲  ╱╲       │    機械器具       │
   │   ( A )( B )     │                   │
   │    ╲╱  ╲╱       │    衛生器具       │
   │                   │                   │
   │使う目的によって   │絶対に医薬品に     │
   │医薬品になりうるもの│なりえないもの    │
   └──────────────────┴──────────────────┘
```

A：人・動物の診断、治療、予防の目的に使用するもの
B：人・動物の身体の構造、機能に影響を与えることを目的とするもの

図6-1-2　薬事法が定める化学製品

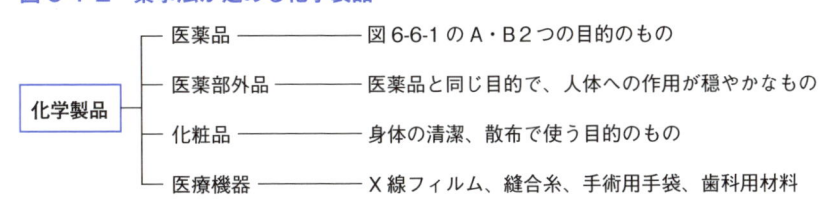

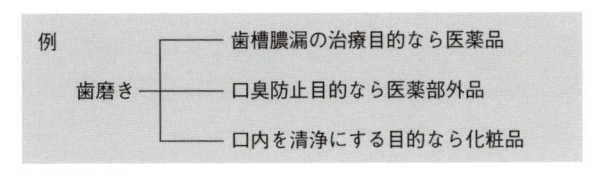

```
          ┌─ 医薬品 ──────── 図6-6-1のA・B2つの目的のもの
          │
化学製品 ─┼─ 医薬部外品 ──── 医薬品と同じ目的で、人体への作用が穏やかなもの
          │
          ├─ 化粧品 ──────── 身体の清潔、散布で使う目的のもの
          │
          └─ 医療機器 ────── X線フィルム、縫合糸、手術用手袋、歯科用材料
```

```
      例 ┌── 歯槽膿漏の治療目的なら医薬品
         │
   歯磨き ┼── 口臭防止目的なら医薬部外品
         │
         └── 口内を清浄にする目的なら化粧品
```

●医薬品原薬（原体）と製剤

　医薬品が目的とする有効成分を医薬品原薬といいます。しかし医薬品原薬はそのまま使われるのではなく、これを使いやすくしたり、安全性を高めたり、効き目を最大限に発揮させるために、錠剤、カプセル剤、散剤、内用液剤、注射液剤、軟膏・クリーム剤、外用液剤、坐剤など様々な剤型に加工されます。これを製剤といいます。

　製剤に使われる溶解剤（精製水、食塩水、エタノール）、賦形剤（デンプン、タルクなど）、軟膏基材（ワセリン、パラフィンなど）も日本薬局方に掲載されている医薬品です。

●医薬品の種類と様々な用語

　医薬品には、様々な分類方法があるので、医薬品の種類を示す用語はたくさんあり、医薬品を非常にわかりにくくしています。薬効による分類（循環器官用薬、血圧降下剤など）、薬事法の規制による分類（医療用医薬品、一般用医薬品、配置用医薬品）のほか、化学構造による分類（サルファ剤、ステロイドホルモンなど）、効能の作用機構による分類（ベータ遮断薬など）、医薬品のつくり方による分類（生薬、合成医薬品、バイオ医薬品）など様々な切り口からの用語が使われます（表6-1-1）。

　これに加えて、一般用医薬品をOTC（Over The Counter）と呼んだり、大衆薬、市販薬といったりすることもあります。

　また医薬品の研究開発手続きが決まっており、開発中の医薬品に対して、承認申請中とか、フェーズいくつなどの用語もよく使われます（図6-1-3）。最初に開発され、特許を取った医薬品を先発医薬品と呼ぶのに対して、特許期間が切れた後に、先発医薬品と同じ製品をほかの医薬品会社が製造販売する場合を後発品、ジェネリック医薬品などということもあります。その他画期的な新薬をピカ新、その中で世界的に大きな売上高を上げたものをブロックバスターといいます。逆に稀少な病気のために採算が取れず、製薬会社が開発しない医薬品をオーファンドラッグといいます。

表 6-1-1　医薬品の分類（日本標準商品分類）

小分類	細分類（細々分類）
神経系、感覚器官用医薬品	中枢神経用薬（解熱、鎮痛消炎剤、総合感冒剤、催眠鎮静剤、全身麻酔剤、精神神経用剤など）、末梢神経用薬、感覚器官用薬（眼薬など）など
個々の器官系用医薬品	循環器官用薬（血圧降下剤、高脂血症剤など）、呼吸器官用薬、消化器官用薬、ホルモン剤、外皮用薬、歯科口腔用薬など
代謝性医薬品	ビタミン剤、血液体液用薬、人工透析用薬、滋養強壮薬、その他（糖尿病用剤など）
組織細胞機能用医薬品	腫瘍用薬、アレルギー用薬、放射性医薬品など
生薬、漢方処方医薬品	生薬、漢方製剤など
病原生物に対する医薬品	抗生物質製剤、化学療法剤、生物学的製剤（ワクチン類、血液製剤類）など
治療を主目的としない医薬品	診断用薬、公衆衛生用薬、調剤用薬など

図 6-1-3　新しい医薬品ができるまで

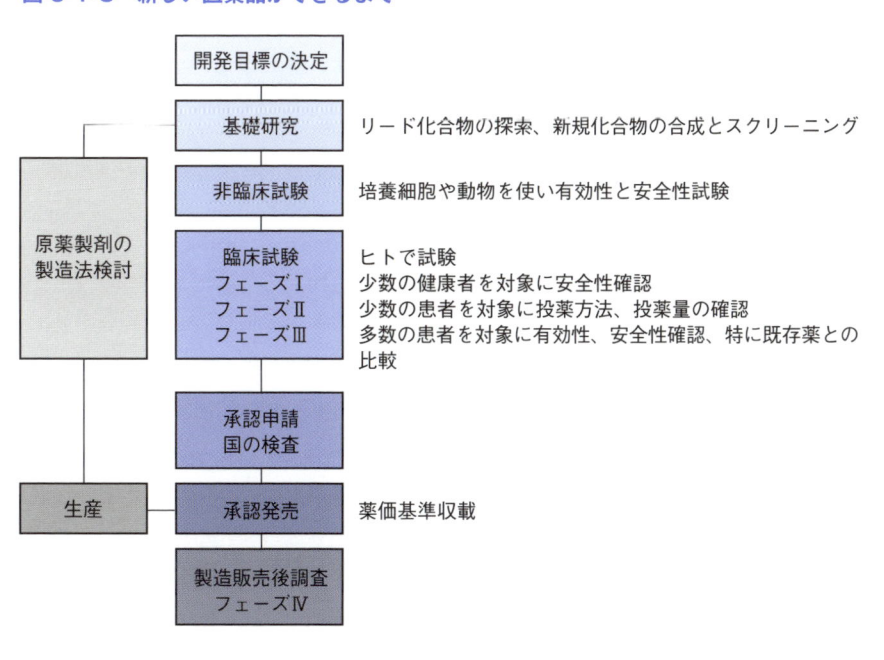

- 開発目標の決定
- 基礎研究：リード化合物の探索、新規化合物の合成とスクリーニング
- 非臨床試験：培養細胞や動物を使い有効性と安全性試験
- 臨床試験
  - フェーズⅠ
  - フェーズⅡ
  - フェーズⅢ

  ヒトで試験
  少数の健康者を対象に安全性確認
  少数の患者を対象に投薬方法、投薬量の確認
  多数の患者を対象に有効性、安全性確認、特に既存薬との比較
- 承認申請 国の検査
- 承認発売：薬価基準収載
- 製造販売後調査 フェーズⅣ

（原薬製剤の製造法検討、生産）

6-2 合成医薬品

●生薬

　多くの人が苦しむ病気の苦しみを緩和し、さらに根本的に治療する化学品の探求の歴史の中から多くの医薬品が生まれてきました。したがって、歴史的な経過をたどって、代表的な医薬品を紹介します。

　人類は動植物や鉱物を食べてみて、食物と毒物の区別、毒物の除去方法など多くの知識を蓄積してきました。この中から生薬と呼ばれる医薬品が生まれました。日本薬局方にも、ウイキョウ、オウバク、ケイヒ、ジキタリスなど多くの生薬が掲載されています。

●合成医薬品の誕生

　18世紀末にラボアジエによって近代化学が誕生すると19世紀には天然物を精製分離し、化学構造を解明し、それを簡単な化合物から合成する有機合成化学が発展しました。19世紀後半には、有機合成化学発展の最初の成果として7-9節で述べる合成染料が工業化されました。続いて19世紀末に合成医薬品が誕生します。

●アスピリン

　アスピリンはドイツのバイエル社が1897年に開発した解熱鎮痛剤の商標です。化学品名としては、アセチルサリチル酸という簡単な分子構造の化合物です。発売から100年以上も経った現在でも使われています。

　昔から歯痛などの痛み止めにヤナギの枝がよいことが知られていました。この有効成分がサリチル酸であることが解明されましたが、胃を荒らす副作用が強く出ました。バイエル社はこれをアセチル化することによって、副作用が少ない解熱鎮痛剤を完成させたのです。合成医薬品の誕生です。

　このように生薬の有効成分を解明し、さらにその分子構造を改変して優秀な医薬品を有機合成でつくることが広く行われるようになりました（図6-2-1）。

●ビタミン剤、ホルモン剤

　多くの日本人研究者も医薬品開発においてすばらしい業績を残しています。食物に微量に含まれるが、摂取不足となると特有の病気を発症させる化学成分の解明から生まれた医薬品がビタミン剤です。日本人に多かった脚気（かっけ）の原因追求から鈴木梅太郎はビタミン B_1（鈴木の命名ではオリザニン）を発見しました。ビタミンは機能からの分類なので、ビタミン A、B、C といっても化学構造の上ではまったく関連性のない異なる化合物です（図6-2-2）。

　一方、止血剤として使われていたウシの副腎抽出液は不純物が多く、腐りやすいので、その有効成分を取り出す研究が世界中で行われていましたが、高峰譲吉と上中啓三は、アドレナリンの結晶を精製分離することに世界で最初に成功しました。ホルモン剤の誕生です。

図6-2-1　アスピリンの化学構造

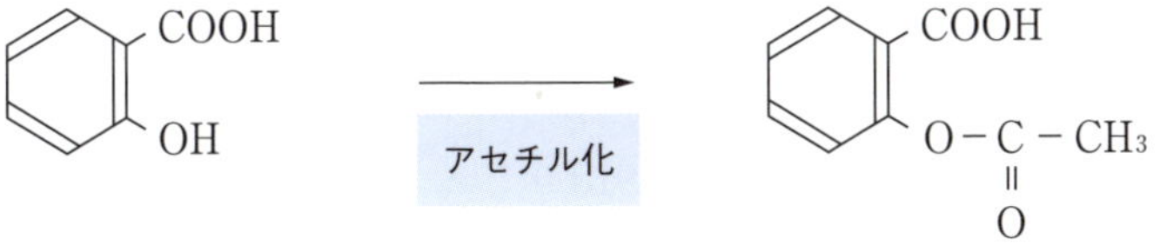

サリチル酸
（ヤナギの鎮痛作用の本態）

アセチル化 →

アセチルサリチル酸
（アスピリン）

図6-2-2　比較的簡単な化学構造のビタミン

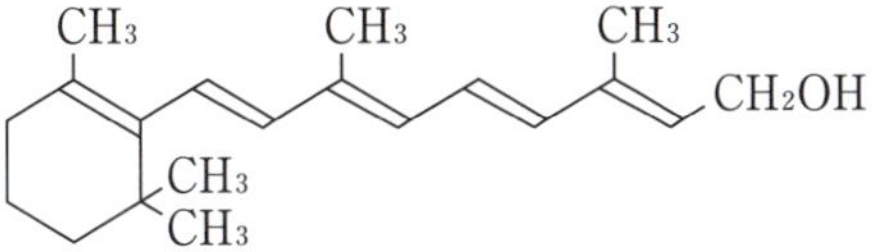

ビタミン A_1

ビタミン B_1 の構造式は複雑です。
アドレナリンの構造式は図6-4-2参照

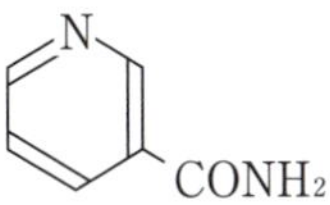

ビタミン B_3
（ニコチンアミド）

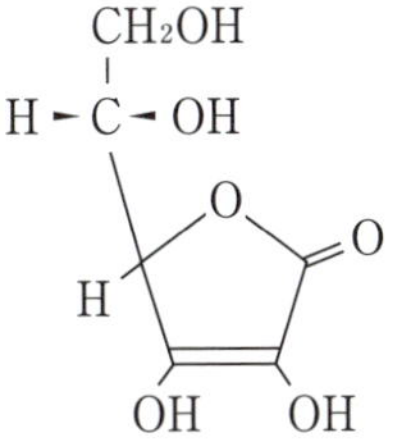

ビタミン C
（L-アスコルビン酸）

6-3 化学療法剤と抗生物質

●伝染病

人類は長い間伝染病に苦しんできました。14世紀のヨーロッパでは、ペストの流行により当時の人口の3分の1が死亡したといわれています。江戸末期から明治前期の日本でも、コレラが流行すると10万人以上の人が亡くなっています。

●サルバルサン、サルファ剤

合成医薬品誕生後も、その利用分野（薬効）は解熱鎮痛剤や催眠剤、精神安定剤、強心剤など対処療法的な医薬品が中心でした。しかし伝染病の原因が特定の微生物の感染によること（感染症）が解明されるとともに、人体内で細菌の繁殖を抑制し、しかも人体への影響が少ない合成医薬品を開発しようという目標が明確になりました。1910年に梅毒の治療薬として開発されたサルバルサンは、最初の感染症の治療薬（化学療法剤）です。

1930年代にスルフォンアミド基（$-SO_2NH_2$）を持つ化合物（サルファ剤）が誕生し、肺炎や敗血症など幅広い感染症に対する治療薬となりました。化学療法剤は、現在では抗菌薬としてばかりでなく、抗ウイルス薬、抗ガン剤としても新たな開発が続いています（図6-3-1）。

●抗生物質

抗生物質は、カビや放線菌のような微生物がつくり、細菌などほかの微生物の増殖を抑制する化学品をいいます。イギリスのフレミングがアオカビからペニシリンを発見した話は非常に有名です。その後、多くの抗生物質が発見され、効果を発現する化学構造が解明されるとともに、さらに化学修飾によって改変されて非常にたくさんの抗生物質がつくられました（図6-3-2）。

第2次世界大戦後、抗生物質の登場によって、長らく日本人の死亡原因第1位であった結核などの伝染病は急速に減少しました。日本ではその後も

1980年代までの長い間、抗生物質製剤が生産金額第1位の医薬品でした。

しかし、抗生物質や化学療法剤を多用すると、各種の抗生物質でも効かない耐性菌が生まれるという問題が発生しています。特に院内感染菌としてMRSAが有名です。

図6-3-1　サルファ剤の化学構造

サルファ剤
（Aを様々に変えます）

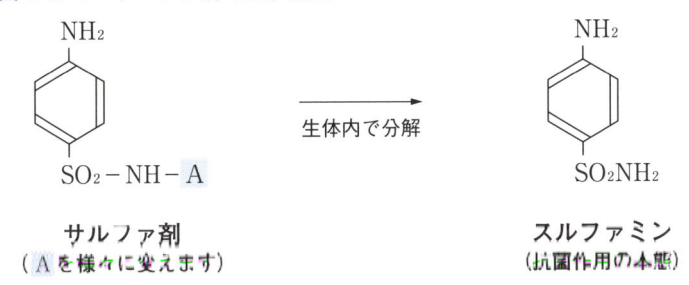

スルファミン
（抗菌作用の本態）

図6-3-2　主要な抗生物質の構造式

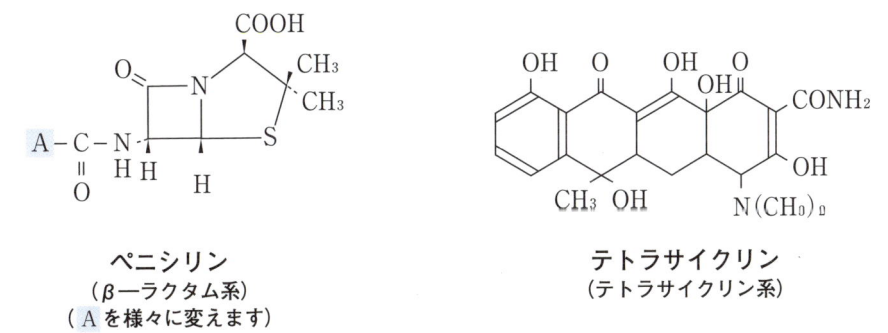

ペニシリン
（β－ラクタム系）
（Aを様々に変えます）

テトラサイクリン
（テトラサイクリン系）

ストレプトマイシン
（アミノグリシド系）

6-4 発症メカニズムからの創薬

●病気が発症するしくみ

医薬品の開発は、医学の進歩と強く結びついてきました。伝染病は細菌の繁殖という分かりやすいメカニズムですが、それ以外の病気でも発症するしくみの解明が進み、その発症メカニズムを止める化学品を化学構造の類似性などから合理的に探索するという新しい医薬品開発のコンセプトが生まれました。

●ベータブロッカー（β遮断薬）

生命維持に重要な役割を果たしている自律神経には、交感神経と副交感神経があります。神経細胞は中継点（シナプス）で特有の化学物質（アドレナリンやノルアドレナリン）を放出し、それが次の神経細胞の受容体と結合して興奮を伝達していきます。交感神経にはアルファ、ベータという2つの受容体があり、それぞれが血圧の上昇、下降の働きを持つことがわかりました。

このベータ受容体にアドレナリンと競合して作用する物質がベータブロッカーです。1965年にイギリスのICI社で開発されたプロプラノロールは、発症メカニズムを断つ化学品を探すという新しいコンセプトで開発された最初の医薬品でした。高血圧や不整脈の治療薬として大成功しました（図6-4-1、図6-4-2）。

●H2拮抗薬

ヒスタミンは、気管支喘息やじんま疹などのアレルギー性反応（H1受容体が関与）の原因物質とされ、ヒスタミンの作用を抑制する抗ヒスタミン薬が多数つくられました。しかし、1960年代にヒスタミンの2番目の働きとして胃酸分泌促進作用（H2受容体が関与）が発見されました。H2受容体を遮断すれば、胃酸分泌が抑えられ胃潰瘍が抑えられるとして開発された医薬品がH2拮抗薬です。1976年にスミスクライン・ビーチャム（現在のグラク

ソ・スミスクライン）から発売されたシメチジンは、それまで多かった胃潰瘍による胃の摘出手術を急激に減らしました。

図6-4-1　ベータブロッカーの仕組み

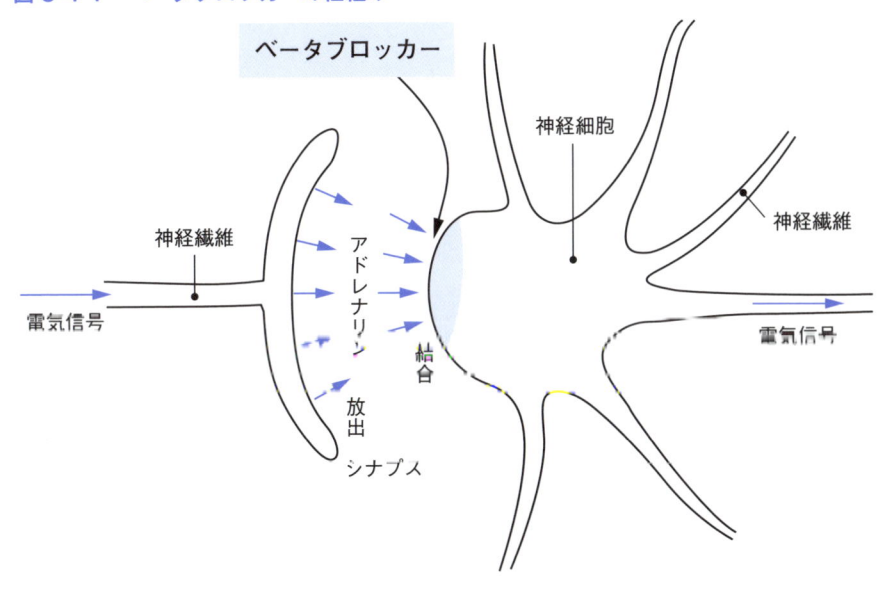

図6-4-2　アドレナリンと各種のベータブロッカーの分子構造

アドレナリン: HO-C₆H₃(OH)-*CH(OH)-CH₂-NHCH₃

各種のベータブロッカー:
- Ar-*CH(OH)-CH₂-NH-R
- Ar-*CH(OH)-*CH(CH₃)-NH-R
- Ar-O-CH₂-*CH(OH)-CH₂-NH-R

（Arはフェニル基またはナフタレン基誘導体、-Rは-H、-CH(CH₃)₂、-C(CH₃)₃）

6-5 バイオ医薬品

●すでに多数が発売中

バイオ医薬品というと「夢の新薬」とマスコミでいわれるので未来の話と思うかもしれません。しかしすでにヒトインスリン、ヒト成長ホルモン、インターフェロン、インターロイキン、エリスロポエチン、t-PA（組織プラスミノーゲン活性化因子）、G-CSF（顆粒球コロニー刺激因子）など多くの第1世代のバイオ医薬品が発売され、現在は抗体医薬などの第2世代の時代に入っています。1990年代後半には、医薬品の世界売上ランキングの上位にバイオ医薬品がたくさん並んでおり、バイオ医薬品は、もはや未来の話ではありません（表6-5-1）。

6-2節から6-4節で紹介した多くの医薬品は、第3章で紹介した有機薬品に比べるとはるかに複雑な分子構造をしています。しかし分子の大きさという視点からは、あくまでも中ブロック程度の大きさです。これに対して、バイオ医薬品と呼ばれるものの多くは、タンパク質や糖タンパク質のような高分子（1-4節でいう大ブロック）です。しかも、この高分子は多種類のモノマー、プレポリマーからなり、モノマーの数も順番も決まっており、ばらつきはありません。第4章で紹介した高分子化学品のような重合による合成は困難です。

●遺伝子工学

バイオ医薬品は合成が難しいために、動物組織からの抽出物が使われてきました。しかしヒトとは微妙に化学構造が違うために副作用が出たり、必要量が確保できなかったりの悩みがありました。バイオ医薬品をつくり出すヒト遺伝子が解明されると、遺伝子工学により、これを大腸菌、酵母や動物細胞などに組み込んで大量生産することができるようになりました。

●インスリン

インスリンは、すい臓で産出分泌され、血糖値を正常値に下げる有名なホルモンです。1921年に発見され、すぐにウシやブタからの抽出物を糖尿病患者に注射薬で投与する治療法が確立されて長い間行われてきました。

しかし、ヒトインスリンと動物のインスリンでは、タンパク質を構成するアミノ酸が少し異なる上に、動物由来の不純物が混在し、アレルギー反応を起す可能性が懸念されていました。ヒトの遺伝子組み換えでつくったバイオ医薬品は、このような問題を解決しました（図6-5-1）。

表6-5-1 主要なバイオ医薬品と使われ方

バイオ医薬品	治療への使われ方
インスリン	糖尿病
インターフェロン	ウィルス型肝炎や白血病
エリスロポエチン	腎性貧血
G-CSF	白血球減少病
ヒト成長ホルモン	小人症
t-PA	心筋梗塞
抗体医薬	臓器移植、リウマチ、ガン

図6-5-1 バイオ医薬品のつくり方

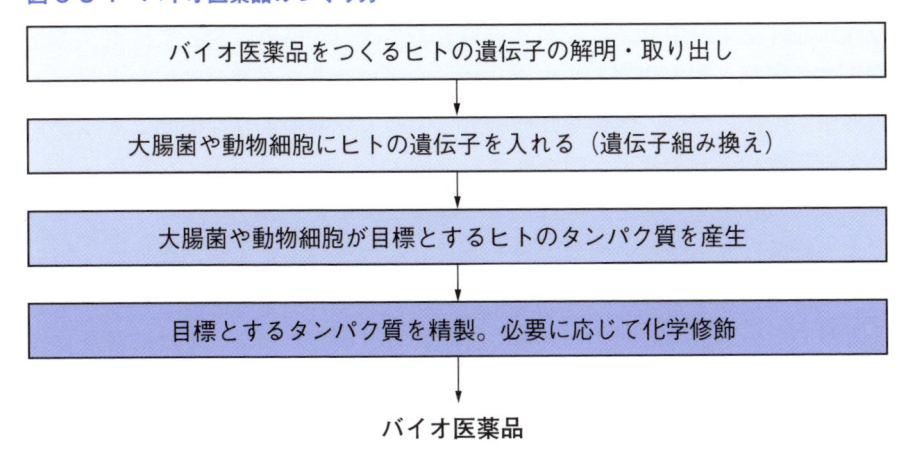

```
バイオ医薬品をつくるヒトの遺伝子の解明・取り出し
          ↓
大腸菌や動物細胞にヒトの遺伝子を入れる（遺伝子組み換え）
          ↓
大腸菌や動物細胞が目標とするヒトのタンパク質を産生
          ↓
目標とするタンパク質を精製。必要に応じて化学修飾
          ↓
       バイオ医薬品
```

6-6 人工臓器

●高分子化学品の医療への応用

人工臓器とはいわれませんが、PMMAなどの高分子化学品は、メガネや入れ歯に古くから使われてきました。メガネ用レンズは、現在ではガラスに代わってプラスチックが普通に使われるようになり、比重が小さく、屈折率が高い光学用高分子の開発がさかんに行われています。コンタクトレンズもハード・ソフト両方に高分子化学品が使われています。

様々な高分子が出揃った1960年代から高分子の人工臓器への応用が研究されるようになり、人工腎臓、人工心臓、人工血管、人工弁、人工関節、人工水晶体など多くの人工臓器が実用化されました。また心臓手術などの際に、一時的に使われる人工心肺も実用化されました。使われる高分子も、ポリエチレン、ポリエステル、フッ素樹脂など様々です。生体適合性がよく、血液凝固を起さない工夫がされています。

●人工腎臓

合成繊維の中空糸を使った人工腎臓（図6-6-1）は、1970年代に実用化され、今では人工透析を受けている患者数は、世界で200万人以上、日本でも30万人になります。中空糸に使われる高分子も改良が進み、現在ではポリエーテルスルホンと親水化剤としてポリビニルピロリドンが使われています。しかも中空糸の透析膜の微細な孔の制御によって尿素のような小分子から分子量1万程度の低分子量タンパク質までを除去し、分子量の大きな免疫グロブリンなどの有用タンパク質は残るようになっています。

人工腎臓は人工臓器の中で、最も成功した例といえますが、透析に時間がかかること、頻度が高いことから患者には大きな負担をかけます。このため、携帯型や埋め込み型の開発も長らく行われてきましたが、いまだに普及できるまでには至っていません。

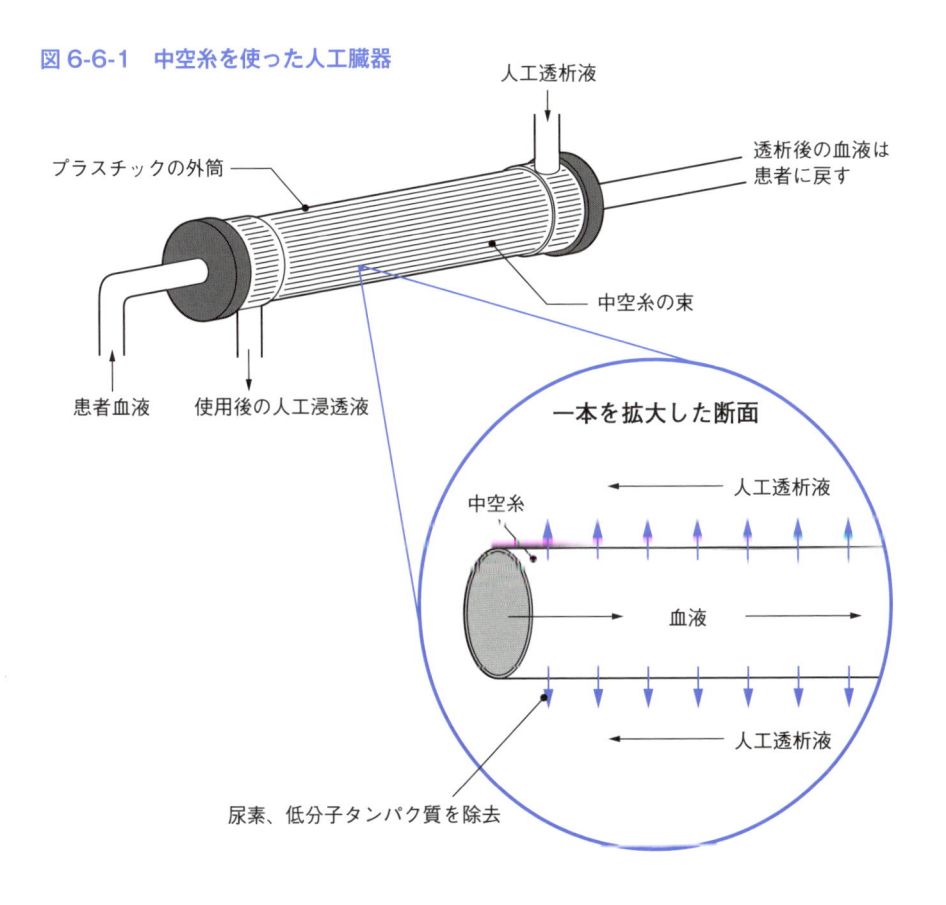

図 6-6-1　中空糸を使った人工臓器

- プラスチックの外筒
- 人工透析液
- 透析後の血液は患者に戻す
- 中空糸の束
- 患者血液
- 使用後の人工浸透液

一本を拡大した断面
- 中空糸
- 人工透析液
- 血液
- 人工透析液
- 尿素、低分子タンパク質を除去

●人工関節と人工血管

　人工関節は、チタン合金の人工骨頭とポリエチレンのソケットの組み合わせがよく使われます。高齢化の進展とともに重要性が増しています。

　人工血管は、ポリエステル繊維の布製のものが、大動脈などの大口径用に使われ、フッ素樹脂製のものは中口径用に使われます。しかし小口径のものはいまだに満足な人工血管が開発できていません。

　このように、人工臓器の開発が始まってすでに40年以上経過し、高分子の人工臓器の実用化、普及の目処が立った分野と開発が進まない分野がはっきりしてきました。一方、組織生体工学やiPS細胞などによる再生医療の進展が話題になっており、高分子の不得意な分野での実用化が期待されます。

> **まだある最終化学品**
>
> 　第6章、第7章では、様々な最終化学品を紹介していますが、紙数の都合上、紹介できなかった重要な最終化学品がまだありますので、簡単に紹介します。
>
> **石油添加剤**
>
> 　燃料油添加剤と潤滑油添加剤の2種類があります。代表的な燃料油添加剤としては、オクタン価向上剤があります。かつては四エチル鉛が使われましたが、毒性問題のためにMTBEやETBEなどのエーテル化合物に代わっています。潤滑油には性能を維持するために様々な潤滑油添加剤が必要です。高温になるので酸化防止剤、ススやスラッジが固まらないように清浄分散剤、高荷重などで油膜が切れた時に金属の融着を防止する極圧剤、錆びの発生を防止する錆び止め剤、温度変化による潤滑油の粘度変化を減らす粘度指数向上剤など多種類の化学製品があります。
>
> **試薬**
>
> 　研究や検査のために使われる化学製品を試薬といいます。非常にたくさんの種類があります。
>
> **飼料用添加剤**
>
> 　飼料の品質を保ち、また栄養成分を補給するために、飼料に加えられる化学製品です。食品添加剤が食品衛生法で規制されるように、飼料安全法によって使用可能な化学製品が指定されています。飼料の品質保持用としては、カビ防止剤、酸化防止剤、乳化剤、増粘剤などがあります。栄養成分としてはアミノ酸、ビタミン、ミネラルがあります。
>
> **金属表面処理剤**
>
> 　金属表面の脱脂洗浄、除錆、防錆処理、下地処理、メッキなどを行うための化学製品です。

第7章

様々な最終化学品

小ブロック、中ブロックを組み合わせて、
特定の用途、目的を持った様々な
最終化学品がつくられます。
塗料や接着剤など一部の最終化学品では
大ブロックである高分子化学品までも
組み合わさっています。
最終化学品の組み立て方を説明します。

7-1 農薬

●厳しい規制

農薬は現代農業の生産性維持・向上のために不可欠な商品です。農薬は農薬取締法で規制され、品質、有効性、安全性の観点から基準をクリアした製品のみが登録されて、初めて製造販売や輸入販売ができる仕組みになっています。なお、蝿、蚊、ゴキブリ対策のために使われる家庭用殺虫剤や伝染病防止のために使われる防疫用消毒剤は農薬ではなく、医薬品、医薬部外品として薬事法で規制されています。

農薬は、化学物質を環境中に大量散布するので、医薬品と同様に人体への影響に加えて、環境中での分解性や環境生物への影響など、はるかに幅広い安全性試験項目をクリアできなければなりません（図7-1-1）。

●殺虫剤、殺菌剤、除草剤

農薬取締法では農薬を殺虫剤、殺菌剤、除草剤、その他（種なし果物をつくる植物成長調整剤など）に分類しています。日本では長い間殺虫剤が農薬出荷額の第1位を占めてきたので、農薬というと殺虫剤を思い浮かべるかもしれません。しかし世界では、除草剤が農薬売上高の半分を占め、圧倒的に第1位です。日本でも最近は除草剤が伸びて、殺虫剤に並ぶくらいになっています。除草は大変に労働集約的な作業なので、除草剤は農業の省力化に貢献しています（表7-1-1）。

●原体と製剤

農薬は医薬品と同じく、有効成分である原体とそれを調合加工した製剤に製造工程が分かれます。農家などの農薬消費者が使うのは、もっぱら製剤です。製剤には、粉剤、粒剤、水溶剤、水和剤（懸濁）、乳剤（乳化）、エアロゾル、くん蒸剤（土壌殺菌、殺線虫）など、使いやすく、しかも原体の効力が発揮されるように、様々な形があります。

図 7-1-1 新しい農薬ができるまで

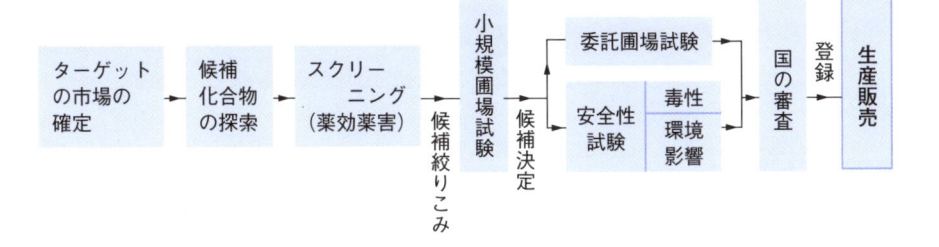

ターゲットの市場の確定 → 候補化合物の探索 → スクリーニング（薬効薬害） → 候補絞りこみ → 小規模圃場試験 → 候補決定 → 委託圃場試験／安全性試験（毒性・環境影響） → 国の審査 → 登録 → 生産販売

表 7-1-1 農業の代表的な商品と主要な分類例

大分類	代表的商品	化学構造分類	作用機序分類
殺虫剤	DDT*	有機塩素系	神経情報阻害
	パラチオン*	有機リン系	神経情報阻害
	ピレトリン	ピレスロイド系	神経情報阻害
	イミダクロプリド	ネオニコチノイド系	神経情報阻害
殺菌剤	ボルドー液	銅剤	呼吸阻害
	ベノミル	ベンズイミダゾール系	細胞分裂阻害
	アゾキシストロビン	メトキシアクリレート系	呼吸阻害
	テトラコナゾール	アゾール系	細胞膜合成阻害
	カスガマイシン	抗生物質	細胞壁合成阻害
除草剤	トリフルラリン	ジニトロアニリン系	細胞分裂阻害
	シマジン	トリアジン系	光合成阻害
	グルホサート	アミノ酸系	アミノ酸合成阻害
	ベンスルフロンメチル	スルホニルウレア系	アミノ酸合成阻害
その他	インドール酢酸	オーキシン系	植物成長調整
	ポリオキシエチレンアルキルエーテル	界面活性剤	展着剤
	ワルファリン	クマリン系	殺鼠剤（抗凝血）

（注）同じ化学構造を持っていても、殺虫剤になったり、除草剤になったりし、農薬の分類は大変困難です。上記の表は、あくまでも代表的な商品の化学構造と作用機序と考えてください。
＊が付いている商品は、現在では登録されていないか、ほとんど使用されていません。

7・様々な最終化学品

7-2 化学肥料

●肥料3要素

　化学肥料は、1950年代まで日本の化学産業の中心となる化学製品でした。今では古臭い商品になったと思われるかも知れませんが、世界では農薬、種子と連携したアグリビジネスの一環として重要な化学製品です。化学肥料なしでは世界70億人の人口を支えることはできません（図7-2-1）。

　窒素、リン酸、カリウムが肥料3要素といわれます。植物の生長には、このほか土壌のＰＨ調整に重要なカルシウム（石灰）、葉緑素の合成に不可欠なマグネシウム（苦土）が必要です。その他鉄、銅、亜鉛、マンガンなどが微量必要となりますが、通常の土壌では不足することがないので、あえて肥料としては与えません。肥料3要素のうち、カリウムは硫酸カリウムとして肥料に使われます。なお肥料は重要な肥料要素のみの製品のほか、いくつかの肥料要素やその他を混合し、使いやすい形に成形して販売されています。（表7-2-1、表7-2-2）。

●窒素肥料

　窒素肥料の原料は、空気中の窒素からつくるアンモニアです。アンモニアはガスなので、硫酸アンモニウム（硫安）、尿素、硝酸アンモニウム（硝安）、石灰窒素などの固体化合物にして窒素肥料に使われます。

　硫安は使いやすい肥料として長らく窒素肥料の主力でしたが、長期施肥後に土壌の酸性化を招き、消石灰散布が必要になります。現在では、尿素が最大の窒素肥料になりました。尿素はアンモニアと炭酸ガスから合成されます。

●リン酸肥料

　リン酸肥料としては過リン酸石灰がよく使われます。リン鉱石は、古代の動植物体が化石化した鉱床や海鳥の糞が堆積してできたグアノとして得られます。リン鉱石は水に溶けないので、そのままでは肥料になりません。これ

を硫酸と反応させると、水に可溶のリン酸一カルシウムと水に不溶の石こうの混合物となり、可溶性リン酸15%以上の過リン酸石灰肥料になります。硫酸の代わりにリン酸で反応させると、可溶性リン酸が30%以上の重過リン酸石灰が得られます。

図 7-2-1　アグリビジネスの最前線

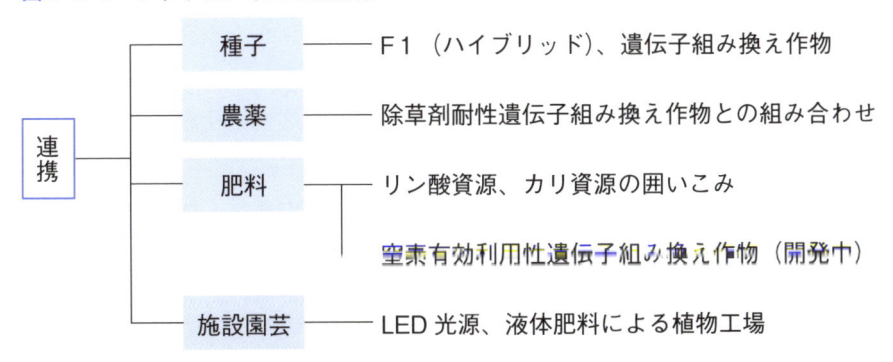

連携
- 種子 ── F1（ハイブリッド）、遺伝子組み換え作物
- 農薬 ── 除草剤耐性遺伝子組み換え作物との組み合わせ
- 肥料 ── リン酸資源、カリ資源の囲いこみ
  - 窒素有効利用性遺伝子組み換え作物（開発中）
- 施設園芸 ── LED光源、液体肥料による植物工場

表 7-2-1　商品としての肥料の種類

形状、使用法による分類		成分による分類
複合肥料	配合肥料（粉状）	窒素質肥料、リン酸質肥料 カリ質肥料、石灰質肥料 苦土肥料、ケイ酸質肥料 マンガン肥料、ほう素肥料 微量要素複合肥料、 有機質肥料
	化成肥料（粒状）	
	固形肥料	
	液体肥料	
	ペースト肥料	
葉面散布肥料		
農薬等混入肥料		

表 7-2-2　肥料3要素の資源から肥料となるまで

3要素	資源	処理薬品		肥料
窒素	空気	カーバイド		石灰窒素
		水素→アンモニア	硫酸	硫安
			炭酸ガス	尿素
リン酸	化石資源のリン鉱石	硫酸		過リン酸石灰
カリウム	鉱物資源のカリ鉱石			硫酸カリウム

7・様々な最終化学品

7-3 香料

●香料の種類

香料は、原料から天然香料と合成香料、さらにそれらを調合した調合香料に分けられます。また香料の用途から食品用香料（フレーバー）と香粧品用香料（フレグランス）に分けられます。フレグランスは、化粧品だけでなく、洗剤トイレタリー製品にも大量に使われています。

香料の分子構造は、アルキル基やフェニル基などの非常に簡単な骨格やイソプレン（2-2節）2分子が結合したやや複雑な骨格に、アルコール、アルデヒド、ケトン、エステル、ラクトンなどの官能基が付いたものが大半を占めます。

●分子構造とキラル

香料は、1-4節で述べた中ブロック程度の大きさの分子からなります。蒸発しやすく、蒸発した香料が匂いとして感じられます。1-3節で炭素は4つの結合できる手を持ち、4つがすべて異なる場合（このような状態の炭素を不斉炭素といいます）には、鏡で反射するとはじめて同一になる異性体が存在することを説明しました。このような異性体をキラルといいます。キラルな化合物の溶液に偏光を通すと、偏光面が少し回転します。片方のキラル化合物が偏光面を左に回転させる（l体）ならば、もう片方は、右に同じ角度だけ回転させる(d体)という性質を持ちます。しかし通常の化学反応や蒸留、再結晶などの分離操作では、キラルの異性体同士は、まったく同じ挙動を示します。

実は人間を含めて生物の身体はキラルの異性体(アミノ酸、タンパク質、糖)からなっています。このため、香料、医薬品、農薬、食品添加物など生物に関与する化学製品には、キラルの片方の異性体ともう片方の異性体で、生物への作用が異なることがしばしばあります。香料では図7-3-1で示したリモネンのように片方ともう片方で匂いが異なることがあります。メントールの

ように3つも不斉炭素を持つと異性体の数が急速に大きくなります。天然のハッカから得られる香料は、そのうちのひとつだけです。

医薬品では、片方がよい効き目を持つのに、もう片方は非常に悪い副作用を持つことがありますので、厳密に分離精製することが必要です。ところが簡単な化合物から普通に合成していくと、キラルの異性体が半分ずつの混合物ができます。これを分離精製することを不斉分割と呼び、あらかじめ触媒を工夫してキラルの片方が多くできるようにした合成法を不斉合成といいます。

図7-3-1　代表的な香料の分子構造

ギ酸エチル
（最も簡単な構造、果実的な香り）

β—フェニルエチルアルコール
（バラの香り）

フェニルアセトアルデヒド
（ヒヤシンスの香り）

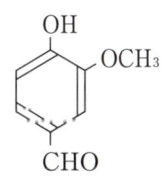

バニリン
（バニラエッセンスとして使われる）

l—メントール
（ハッカの香り）

d,l—リモネン
（オレンジ、レモンの香り）

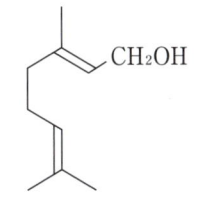

ゲラニオール
（バラの香り）

（注）＊は不斉炭素を示します。

7-4 化粧品

●化粧品の生産

化粧品（表7-4-1）は、医薬品や農薬と違って原薬のような効き目のある成分とそれを配合した製剤からなるものではありません。化粧品は、あくまでも製剤に相当する商品なので、製造工程は第2章、第3章で述べた化学製品をもっぱら混合する工程が主体です。

重量ベースでみると多くの化粧品の主成分は、水、ワセリン、界面活性剤、エタノールなど安価な化学薬品であり、それに香料など高価な化学薬品がわずかに加えられていることになります。しかし、皮膚や目、口に直接触れる化学製品なので、安全性、身体への影響は、新しく配合を決定した新商品ごとに十分に検討する必要があります。化粧品の価格は、期待する機能を実現し、安全性を確認した費用に支払っているといえましょう。

●薬事法

化粧品は、医薬品と同様に薬事法の規制を受け、製造販売業者になるには国の許可が必要です。しかし販売業者になるのは医薬品と違って自由にできます。新商品は、品目ごとに安全性データを添えて提出し、国の承認を得なければなりません。しかし化粧品への配合禁止成分などを定めた化粧品基準に該当する化合物だけを使い、包装容器に全成分を表示した場合には、規制緩和によって国の承認が不要になりましたので、最近は新規に承認を得る案件はほとんどありません。

●頭髪用化粧品

ヘアケア化粧品と呼ばれ、シャンプー、リンスからヘアトニック、整髪料、染毛料などが該当します。シャンプーは、非イオン界面活性剤やアニオン界面活性剤が主原料として使われ、リンスはカチオン界面活性剤が主原料に使われます。量的な面からは、シャンプー、リンスだけで化粧品の半分を占めます。

●基礎化粧品

皮膚用化粧品とか、スキンケア化粧品ともいいます。クリーム、化粧水などが該当します。一見地味ですが、金額面では化粧品の最大分野です。

●仕上用化粧品

メイクアップ化粧品と呼ばれ、化粧品の代表のように思われますが、意外と金額面でも量的な面でも小さな割合です。しかもメイクアップ化粧品の半分はファンデーションで、口紅、ほほ紅、おしろい、アイメイク、マニキュアのような華やかな色の化粧品は、化粧品全体の中のごく一部に過ぎません。香水も日本では非常に売上規模の小さな商品です。

表7-4-1　化粧品の分類

分類	主要な小分類	主要な商品
頭髪用化粧品	洗髪料	シャンプー、ヘアリンス
	染毛料	ヘアダイ、カラースプレー
	整髪料	ヘアリキッド、セットローション、ヘアクリーム、ポマード
	ヘアスプレー	
基礎化粧品	クリーム	マッサージ、コールド、モイスチャークリーム
	乳液	
	化粧液	
	パック	
	洗顔料	クレンジングクリーム、ミルク、ローション
仕上用化粧品	口唇用化粧品	口紅、リップクリーム
	眼、まゆ、まつ毛化粧料	アイシャドー、アイライナー、まゆ墨、アイメイクリムーバー
	つめ化粧料	ネイルエナメル、除光液
	おしろい、ほほべに	
	化粧粉	タルカムパウダー、ボディーパウダー
	化粧下	ファンデーション
香水	香水	
	オーデコロン	オーデコロン、オードトワレ
特殊用途化粧品	日やけ関連用品	日やけ止めクリーム、日やけ用オイル
	浴用化粧品	バスソルト、バスフォーム
	ひげそり用化粧品	シェービングクリーム、シェービングローション
	デオドラント用品	デオドラント、制汗剤

7-5 洗剤、トイレタリー用品

●石けん

動植物油脂を苛性ソーダと反応させたものを濃い食塩水に投入すると、石けん（高級脂肪酸のナトリウム塩）が得られます（塩析）。高級脂肪酸の直鎖アルキル基部分が親油基、カルボン酸部分が親水基のアニオン界面活性剤です。カルボン酸が弱酸なので、石けんはアルカリ性を示し、目にしみます。

●家庭用洗剤

衣料用、台所用、住居用合成洗剤が該当します。シャンプーは、ボディシャンプーも含めて化粧品に分類されるので、薬事法の規制を受けますが、家庭用洗剤は薬事法の対象外です。家庭用洗剤の多くはアニオン界面活性剤か非イオン界面活性剤を主成分とし、補助剤としてビルダー、酵素、蛍光増白剤、漂白剤が加えられています。水にカルシウムイオンなどが多く含まれている硬水は、界面活性剤の働きを悪くするので、ビルダーで除去します。

ビルダーには除去成分のゼオライトのほか、洗浄力を高めるために炭酸ソーダ、ケイ酸ソーダなどが加えられています。酵素は汚れの中のタンパク質を分解するプロテアーゼ、綿や麻の繊維本体であるセルロースの表面を分解するセルラーゼが使われます。また、洗濯の最後に使う柔軟仕上剤にはカチオン界面活性剤が使われます（表7-5-1）。

●工業用洗剤

クリーニング業者がドライクリーニングを行うときは、有機塩素系溶剤（パークロルエチレン、トリクロルエチレン）に界面活性剤を混合して使います。また機械部品の切削加工では、除熱、融着防止のために大量の切削油が使われます。切削後の部品の洗浄（脱脂）には、有機塩素系溶剤が使われます。有機塩素系溶剤は、燃焼しにくいので、安全なためです。半面、健康面、環境面から取り扱いには注意が必要です。

表 7-5-1　家庭衣料用洗剤の配合例　　　　　　　　　　　　　　　　　　重量%

		粉末洗剤	液体洗剤
界面活性剤	アニオン	15～25	0～30
	非イオン	5～10	10～40
ビルダー	炭酸ソーダなど	25～40	3～5
	ゼオライト	15～30	0～3
その他	漂白剤	0～5	0～5
	酵素	0.1～2	0.1～2
	蛍光増白剤	0～1	0～1
	香料	0.1～0.5	0.1～0.5

●トイレタリー用品

　トイレタリー用品としては、歯磨き、消臭芳香剤、除菌剤、冷却枕、紙おむつ、生理用品、入れ歯用品、使い捨てカイロなどたくさんの種類があります。いずれも化学品の機能を活用した化学製品です（図 7-5-1）。

図 7-5-1　トイレタリー用品に使われる化学製品

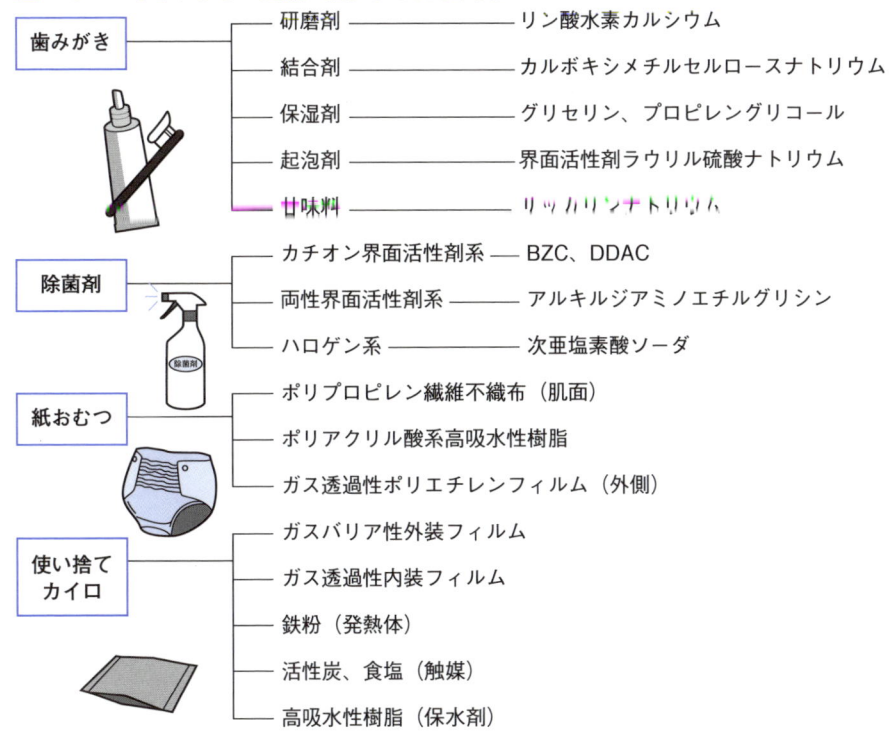

歯みがき
- 研磨剤 ── リン酸水素カルシウム
- 結合剤 ── カルボキシメチルセルロースナトリウム
- 保湿剤 ── グリセリン、プロピレングリコール
- 起泡剤 ── 界面活性剤ラウリル硫酸ナトリウム
- 甘味料 ── サッカリンナトリウム

除菌剤
- カチオン界面活性剤系 ── BZC、DDAC
- 両性界面活性剤系 ── アルキルジアミノエチルグリシン
- ハロゲン系 ── 次亜塩素酸ソーダ

紙おむつ
- ポリプロピレン繊維不織布（肌面）
- ポリアクリル酸系高吸水性樹脂
- ガス透過性ポリエチレンフィルム（外側）

使い捨てカイロ
- ガスバリア性外装フィルム
- ガス透過性内装フィルム
- 鉄粉（発熱体）
- 活性炭、食塩（触媒）
- 高吸水性樹脂（保水剤）

7-6 食品添加物

●食品添加物の種類

食品添加物は大きく4つに分類されます。食品を加工するために使われ、加工後も食品に残るもの（乳化剤、膨張剤、増粘剤など）、食品を加工するために使われるが、加工後はほとんど除去されるもの（食品製造用剤、漂白剤、凝固剤、溶剤など）、食品の保存安定のために使われるもの（保存料、防カビ剤、酸化防止剤、乳化安定剤など）、食品の風味、色合い、香りの改善のために使われるもの（調味料、着色料、香料、甘味料など）です（表7-6-1）。

●食品衛生法

食品添加物は、食品衛生法で厳しく規制され、厚生省告示で添加物として告示されている約800種類のみが使用できます。その内訳は天然化合物と合成化合物がほぼ半分ずつです。このほか食品添加物ではなく、食品として扱われる天然香料が約600種類あるので、非常に紛らわしい状況です。

●調味料

アミノ酸系化合物と核酸系化合物がありますが、いずれも低分子化合物（第3章）です。アミノ酸系調味料の代表が昆布だしの成分であるグルタミン酸ナトリウムです。核酸系調味料の代表がかつお節のうまみ成分であるイノシン酸ナトリウム、しいたけのうまみ成分であるグアニル酸ナトリウムです。いずれも日本人化学研究者の活躍によって発見された化学製品です。

●甘味料

砂糖の代替品として開発され、砂糖の数百倍の甘味のものが開発されています。安全性が問題視される甘味料もありましたが、最近は低カロリーやノンカロリーの面が消費者に好まれています。アスパルテーム、スクラロース、アセスルファムカリウムなどが現在主流の甘味料です。

表 7-6-1　調味料、甘味料以外の食品添加物

	分類	機能	主要化学成分
加工後も残る	乳化剤	クリームをつくる	グリセリン脂肪酸エステル
	膨張剤	パン、菓子をふくらませる	炭酸水素ナトリウム（重曹）
	増粘剤	麺質の安定	カルボキシメチルセルロース
	発色剤	発色の改善	黒豆、ナスに硫酸鉄 食肉に亜硝酸ナトリウム
加工後は除去	食品製造用剤	加工を進める	加水分解に塩酸 中和に水酸化ナトリウム 脱色ろ過に活性炭
	漂白剤	漂白する	次亜塩素酸ソーダ
	溶剤	成分抽出、香料溶解	ヘキサン、エタノール
	凝固剤	豆腐を固まらせる	硫酸マグネシウム
保存安定	保存料	細菌、カビの繁殖防止	ソルビン酸、安息香酸、プロピオン酸カルシウム
	酸化防止剤	油脂の酸化防止	BHT
	乳化安定剤	乳化食品の安定	コンドロイチン硫酸ナトリウム
	粘着防止剤	ガム、アメの粘着防止	d - マンニトール
風味、色合い、香り	着色料	色を付与	合成色素、天然色素
	酸味料	酸味を付与	クエン酸、乳酸
	香料	香りを付与	フレーバー
	強化剤	栄養補填	リシンなどアミノ酸 ビタミン、無機塩
	ガムベース	ガムの材料	エステルガム、ポリ酢酸ビニル

7・様々な最終化学品

7-7 塗料

●塗料の構成

塗料は顔料（2-10節、7-9節参照）、高分子化学品（第4章）、有機溶剤（3-2節参照）からなります（図7-7-1）。顔料を含まないで透明に仕上がるものをワニス、クリアーといい、顔料を含んで着色不透明に仕上がるものをペイントと呼んでいます。粉体塗料のように有機溶剤を使わない塗料もあります。

高分子としては、不飽和結合を持つために空気中で酸化されて固まる乾性油（アマニ油、ボイル油など）が昔は使われましたが、現在では主に熱硬化性高分子が使われています。塗装後に硬化反応を起こし、塗装面に強く密着した緻密で強固な薄膜を形成することが重要です。

なお、日本でも昔から使われてきた漆も塗装後に酸化重合で固まる塗料です。加える顔料によって赤漆、黒漆があります。

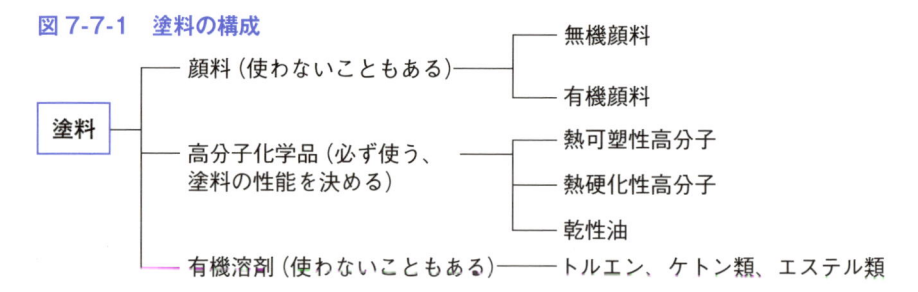

図7-7-1 塗料の構成

```
              ┌ 顔料（使わないこともある）─┬ 無機顔料
              │                         └ 有機顔料
              │
塗料 ─────────┼ 高分子化学品（必ず使う、 ─┬ 熱可塑性高分子
              │ 塗料の性能を決める）      ├ 熱硬化性高分子
              │                         └ 乾性油
              │
              └ 有機溶剤（使わないこともある）── トルエン、ケトン類、エステル類
```

●塗料の種類

溶剤によって合成樹脂塗料は3つに大別されます（図7-7-2）。有機溶剤を使う溶剤系、水を使う水系、溶剤を使わない無溶剤系です。また塗装時の使い方によって、下塗り塗料、上塗り塗料があります。自動車塗装には中塗り塗料も使われます。また塗装後の乾燥硬化方法によって、常温乾燥型と焼付乾燥型があります。

●アルキド樹脂系塗料

ポリエステル系高分子であるアルキド樹脂を基本高分子とする塗料です。アマニ油やその他の熱硬化性高分子を混合して多彩な塗料がつくられます。車両、産業機械、建築物、橋梁、プラントなどの塗装に使われます。

●アクリル樹脂系塗料

熱硬化性ポリアクリル酸エステルを使った塗料で、コンクリート、自動車上塗り、電気冷蔵庫、電気洗濯機の塗装に使われます。

●エポキシ樹脂系塗料

エポキシ樹脂を基本としますが、ほかの高分子との相溶性がよいので混合し、エポキシ/フェノール樹脂、エポキシ/アルキド樹脂、エポキシ/コールタール塗料など様々な製品があります。優れた下塗り塗料となりますが、上塗り塗料としても使われます。缶詰や飲料用缶の内外面塗装、自動車の下塗り、船舶、橋梁、タンク、パイプの塗装などに使われます。

●ポリウレタン系塗料

ポリウレタンを基本高分子とする塗料です。ポリウレタンは原料の配合によって多彩な性能を引き出せるので、弾性、耐候性、耐薬品性に優れた塗装ができます。

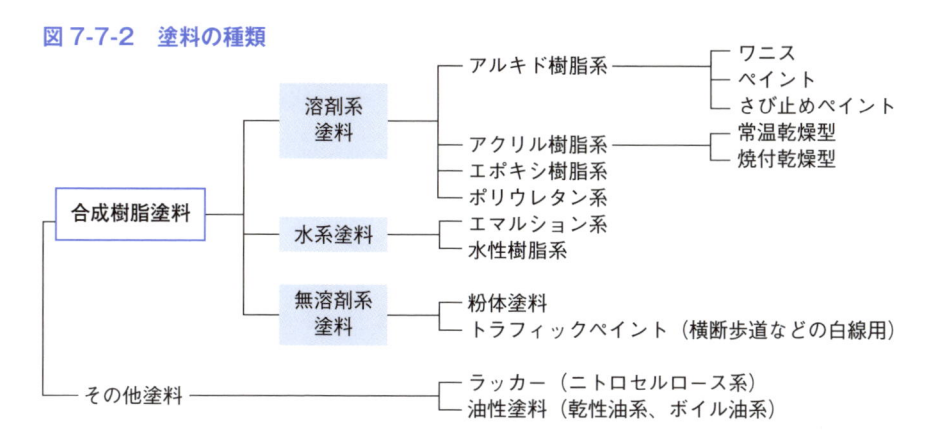

図 7-7-2　塗料の種類

```
合成樹脂塗料 ─┬─ 溶剤系塗料 ─┬─ アルキド樹脂系 ─┬─ ワニス
              │                │                    ├─ ペイント
              │                │                    └─ さび止めペイント
              │                ├─ アクリル樹脂系 ─┬─ 常温乾燥型
              │                ├─ エポキシ樹脂系    └─ 焼付乾燥型
              │                └─ ポリウレタン系
              ├─ 水系塗料 ─┬─ エマルション系
              │              └─ 水性樹脂系
              └─ 無溶剤系塗料 ─┬─ 粉体塗料
                                └─ トラフィックペイント（横断歩道などの白線用）
その他塗料 ──┬─ ラッカー（ニトロセルロース系）
              └─ 油性塗料（乾性油系、ボイル油系）
```

7・様々な最終化学品

7-8 接着剤

●接着とは

　合成高分子が知られていない時代からデンプン糊やにかわ、漆のような天然高分子が接着剤として使われてきました。現在では様々な熱硬化性、熱可塑性高分子化学品が接着剤として使われています。

　接着力は、接着面と接着剤との物理的・化学的結合力と接着剤高分子自体の強さから生まれます。接着剤を流動状態にするために、熱可塑性高分子を加熱して溶融したり、溶剤に溶かしたりします。熱硬化性高分子は液状または溶剤に溶解した原料モノマーやプレポリマーを使います（図7-8-1）。

図 7-8-1　接着力の要因と接着力強化法

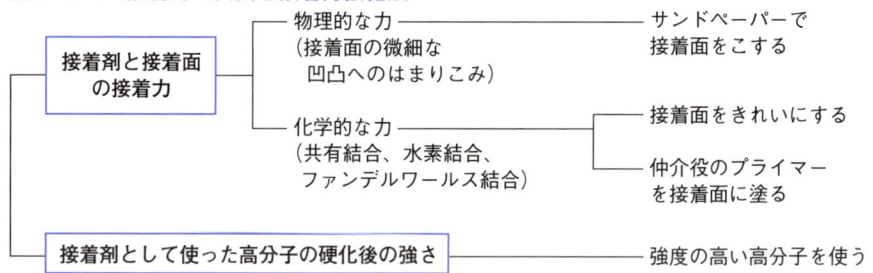

```
                         ┌─ 物理的な力 ──────────── サンドペーパーで
                         │  （接着面の微細な          接着面をこする
┌ 接着剤と接着面 ────────┤    凹凸へのはまりこみ）
│  の接着力              │                         ┌─ 接着面をきれいにする
│                        └─ 化学的な力 ────────────┤
│                           （共有結合、水素結合、  └─ 仲介役のプライマー
│                             ファンデルワールス結合）  を接着面に塗る
│
└ 接着剤として使った高分子の硬化後の強さ ────────── 強度の高い高分子を使う
```

●接着剤の種類

　高分子化学品が熱硬化性か熱可塑性か、溶剤が有機溶剤か水かによって、大別されます（図7-8-2）。また高分子が固まらない粘着剤も感圧型接着剤、すき間を埋めるシーリング材も接着剤の一種として扱われます。

●ホルマリン系接着剤

　フェノール樹脂、ユリア樹脂（尿素樹脂）、メラミン樹脂を使う接着剤です。各名称になっている有機薬品とホルムアルデヒド（ホルマリン）からつくられる熱硬化性高分子です。木材から積層成形によって合板や集成木材をつくり、また繊維や紙の樹脂加工（型崩れ防止や表面改良）に使われます。

●反応型接着剤

非常に接着力の強い接着剤なので、航空機や自動車の組み立てにも使われる優れた接着剤です。接着面にある微量の水分で重合反応が始まって接着する瞬間接着剤（シアノアクリレート系接着剤）が有名ですが、使用量としてはポリウレタン系とエポキシ樹脂系接着剤の2つで9割以上を占めます。

●溶剤型接着剤、水性型接着剤

ポリ酢酸ビニルの水性エマルションであるボンドが有名です。その他天然ゴム、合成ゴム、ポリアクリル酸エステル、EVAなどが使われます。

●ホットメルト型接着剤

溶剤を含まない固体の接着剤で、EVAや熱可塑性エラストマー（合成ゴム）が使われます。加熱溶融、圧着、冷却だけで接着できるので、製本、製袋、包装（ヒートシール）の高速作業に使われます。

●感圧型接着剤

高分子としてポリアクリル酸エステルかゴムを使い、これに軟化剤として石油や液状ポリブテン、粘着付与剤としてロジン（松脂）、石油樹脂が配合された粘着剤です。

図7-8-2　接着剤の種類と使われる高分子

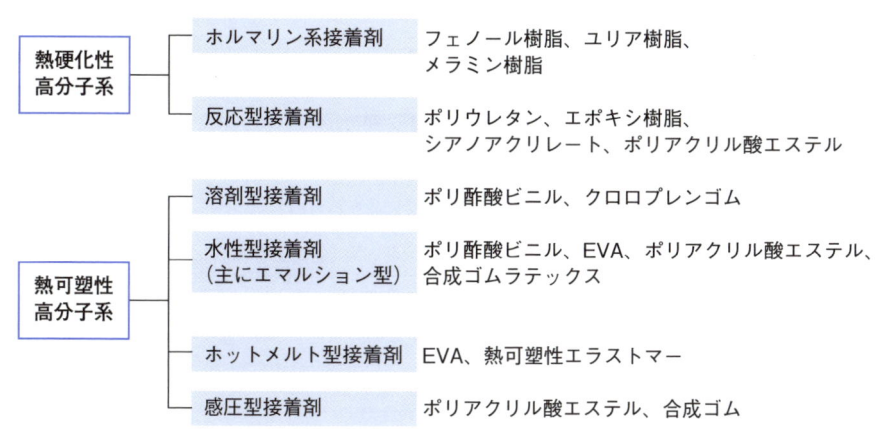

分類	種類	使われる高分子
熱硬化性高分子系	ホルマリン系接着剤	フェノール樹脂、ユリア樹脂、メラミン樹脂
	反応型接着剤	ポリウレタン、エポキシ樹脂、シアノアクリレート、ポリアクリル酸エステル
熱可塑性高分子系	溶剤型接着剤	ポリ酢酸ビニル、クロロプレンゴム
	水性型接着剤（主にエマルション型）	ポリ酢酸ビニル、EVA、ポリアクリル酸エステル、合成ゴムラテックス
	ホットメルト型接着剤	EVA、熱可塑性エラストマー
	感圧型接着剤	ポリアクリル酸エステル、合成ゴム

7-9 染料、有機顔料

●色素材料

昔は水に溶解する着色化学品を染料、水に不溶のものを顔料と呼んでいましたが、明確に区別できない製品が多くなったので、両者を合わせて色素材料と呼ぶようになってきました。

●染料

19世紀に有機化学が発展すると、最も早く工業化された化学製品です。昔は染料分子の分子構造骨格や官能基によって、様々な色を生み出す発色団、色相を微妙に変えたり、繊維への染着力を左右したりする助色団などの理論が提案されて、様々な染料を合成する際の指標になりました。化学の素人の方が敬遠する「亀の甲の化学」の典型的な分野でした。現在ではコンピュータケミストリーによって、あらかじめ分子構造と発色の関係が検討されます。

繊維を染める際の染色方法や分子構造の特色によって、染料の種類が区分されます。前者が直接染料、建染染料、分散染料などであり、後者がアゾ染料、アントラキノン染料などの呼び方です（表7-9-1）。

表7-9-1 代表的な染料の種類

染色法による分類	特徴
直接染料	水溶性。中性浴で木綿を直接染める
分散染料	水に不溶。高温浴で合成繊維を染める
蛍光増白染料	蛍光を発して繊維の黄ばみを打ち消す
反応性染料	繊維のOH基、アミン基と強く共有結合する
建染染料	還元して無色水溶性。染着後、空気酸化で発色する
ナフトール染料	下漬剤ナフトールと顕色剤アミンでジアゾ化して発色する
媒染染料	水溶性。繊維に媒染剤重クロム酸塩を付着して染める

●有機顔料

2-10節で紹介した無機顔料は無機化合物です。これに対して、金属イオンと有機化学品からなる水に不溶の着色化合物（金属錯体）が有機顔料です。有機化学品の化学構造によって、フタロシアニン顔料、アゾ顔料、縮合アゾ顔料、アントラキノン顔料などの種類があります。無機顔料とともに、塗料、印刷インキ、プラスチックの着色に使われます（図7-9-1）。

図7-9-1　染料、有機顔料の化学構造

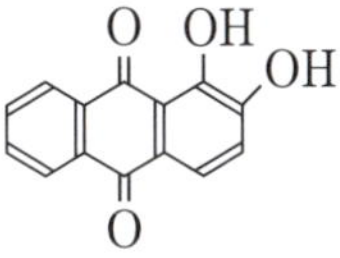

アリザリン
（天然染料アカネの主成分で早くから合成された。アントラキノン染料で媒染染料）

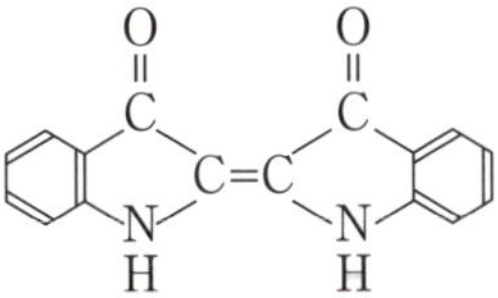

インディゴ
（天然染料藍の主成分でジーンズの青の建染染料。19世紀末に合成され、世界の藍産業を壊滅させた）

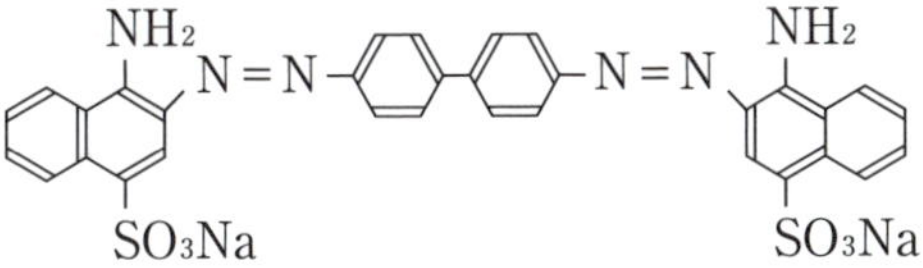

コンゴーレッド（アゾ染料で直接染料）

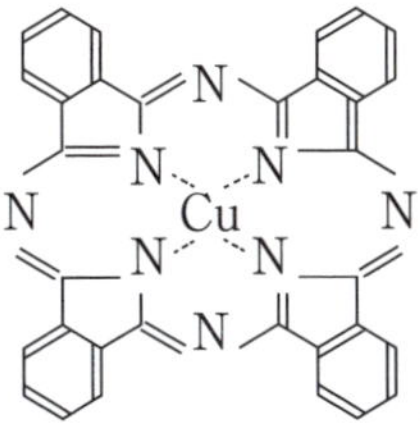

銅フタロシアニン
（フタロシアニン系顔料、非常に堅牢）

●機能性色素

1980年代から色素材料の持つ様々な機能を生かして、従来の染料、顔料以外の用途を開拓しようとする研究が盛んになりました。現在では多くの新分野が開拓され、注目されています。CD-R、DVD-Rのような記録媒体、有機太陽電池、色素増感太陽電池、色素レーザー、光触媒、有機ELなどです。

7-10 印刷用化学品

●印刷インキの構成

印刷インキは、色料、ビヒクル（展色剤）、補助剤から構成されます（図7-10-1）。色料としては、無機顔料、有機顔料が使われます。ビヒクルはワニスとも呼ばれ、印刷機から紙まで色料を運ぶとともに、紙の上に色材を固着させる役割を担います。昔は乾性油だけが使われましたが、現在ではロジン変性フェノール樹脂やアルキド樹脂に乾性油、さらに溶剤として高沸点の石油系溶剤、高級アルコールを混合したものです。塗料によく似た構成です。

図7-10-1 印刷インキの構成

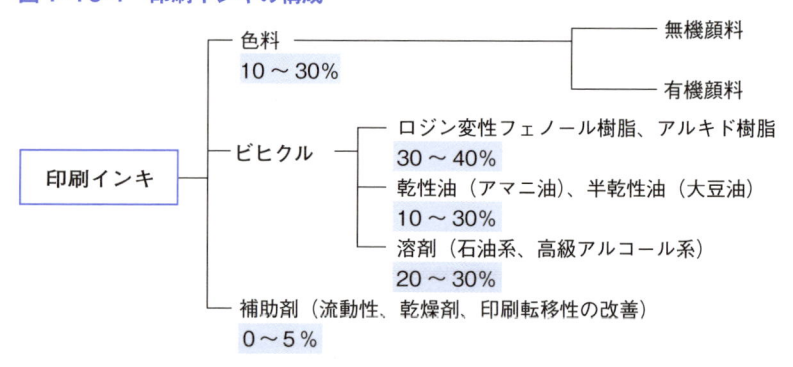

```
                 ┌─ 色料 ──────────────────┬─ 無機顔料
                 │  10～30%                │
                 │                         └─ 有機顔料
                 │
                 │           ┌─ ロジン変性フェノール樹脂、アルキド樹脂
                 │           │  30～40%
印刷インキ ──────┼─ ビヒクル ─┼─ 乾性油（アマニ油）、半乾性油（大豆油）
                 │           │  10～30%
                 │           └─ 溶剤（石油系、高級アルコール系）
                 │              20～30%
                 │
                 └─ 補助剤（流動性、乾燥剤、印刷転移性の改善）
                    0～5%
```

●印刷インキの種類

印刷インキは非常に多種類に分かれます。これは、印刷の版式（凸版、平版、凹版など）、版材（PS、ゴムなど）、印刷機（平圧、輪転機など）、印刷素材（紙、金属など）、乾燥形式（コールドセット、ヒートセット、紫外線UV硬化、赤外線IR乾燥、電子線EB硬化など）によって、印刷インキに求められる性能が異なるためです。

平版インキ（平版、PS版、オフセット印刷）が新聞、本の印刷などに最も多く使われています。次いでグラビアページや商品カタログ、包装印刷に使われるグラビアインキ（凹版、金属版）が多く使われます。缶の印刷に使

われる金属印刷インキは、印刷後高温で焼付けされます（表7-10-1）。

表7-10-1　印刷インキ選定の基準

基準	具体例
版式	凸版、平版、凹版、孔版
版材	PS版、ゴム版、鋼版、樹脂版
印刷機	平圧機、円圧機、輪転機、無圧
印刷素材	紙、金属、プラスチック、布
乾燥形式	コールドセット、ヒートセット、UV、IR、EB
ビヒクル	オイル、ソルベント、水

●印刷製版

　印刷は、かつては植字工が鉛活字を拾って、版をつくっていましたが、現在ではPS版を使うようになりました。PS版はアルミニウムの平板上に感光性高分子を塗ったものです。歴史の長い印刷工程を大きく変えた化学製品といえましょう。

　パソコン上でつくった版下をフィルムに移し、PS版に載せて感光させてから、未感光高分子を除去します。高分子が除去されて現われるアルミニウムの親水性部分と感光した高分子の親油性部分ができるので、これに印刷インキを載せ紙に転写すると印刷が出来上がります。なお、オフセット印刷は、転写の際に、弾力のあるゴム面を仲介させることによって、きれいな仕上がりにする印刷方法です。

●インクジェットプリンタ用インキ

　パソコンのインクジェットプリンタで使うインキは、印刷インキとはまったく異なります。水性の直接染料か酸性染料が使われているので、高分子のビヒクルはありません。印刷時のにじみ防止用に浸透剤（エタノールや界面活性剤）、プリンタヘッドのノズル目詰まり防止用にグリセリンやジエチレングリコールなどの乾燥防止剤が配合されています。

7-11 写真感光材料

●デジタルカメラの衝撃

　写真は白黒もカラーもハロゲン化銀が光によって銀を生成する反応を活用しています。19世紀にはカメラと組み合わさって発展し、写真感光材料も19世紀にゼラチン乾板、19世紀末にはフィルム方式が発明されて広く普及しました。このように長い歴史を持った化学製品でしたが、20世紀末にデジタルカメラが登場するとわずか数年で、世界中で写真感光材料の生産量が急減しました。画像の精密さではまだ写真感光材料は負けていませんが、デジタルカメラの画素数がアマチュアはもちろん、プロの写真家をも満足させるレベルに急速に上がったためでした。

●写真フィルム

　写真フィルムは、フィルムに感光乳剤が塗られた化学製品です（図7-11-1、図7-11-2）。フィルムは、昔はセルロイドでしたが、現在では酢酸セルロース（TAC）か、PETフィルムが使われています。感光乳剤は、ゼラチンにハロゲン化銀（臭化銀など）と増感剤などの添加剤が混合したものです。白黒フィルムはこれだけですが、カラーフィルムは、青、緑、赤に感光する3種の乳剤がつくられ、これが3回塗布されるほか、フィルタ層、保護層なども塗布されるので10層以上の塗り重ねになります。

　印画紙も写真フィルムと同じですが、フィルムの代わりに、バライタ紙やポリエチレンコート紙が使われます。

●現像定着用化学品

　撮影したフィルムは現像定着によってネガフィルムがつくられ、次にこのフィルムを使って印画紙上に引き伸ばして撮影され、現像定着して写真が出来上がります（図7-11-3）。

　現像は感光した銀微粒子を中心にハロゲン化銀の還元反応を進行させて銀

粒子を大きくする操作です。白黒写真にはハイドロキノンやメトール（硫酸モノメチルパラアミノフェノール）が、カラー写真には複雑な分子構造の芳香族ジアミン化合物が使われます。現像してもなお感光しなかったハロゲン化銀が残っているので、定着によってこれを除きます。白黒写真ではハイポ（チオ硫酸ナトリウム）が使われ、カラー写真ではハイポにエチレンジアミン4酢酸鉄（FeEDTA）が使われます。

図 7-11-1　写真フィルムの構成

```
写真フィルム ─┬─ フィルム ─┬─ セルロイド（可燃性なので現在は使わない）
              │             ├─ 酢酸セルロース（トリアセテート、TAC）
              │             └─ PET 樹脂
              └─ 感光乳剤 ─┬─ ハロゲン化銀
                            ├─ 感光色素
                            └─ ゼラチン
```

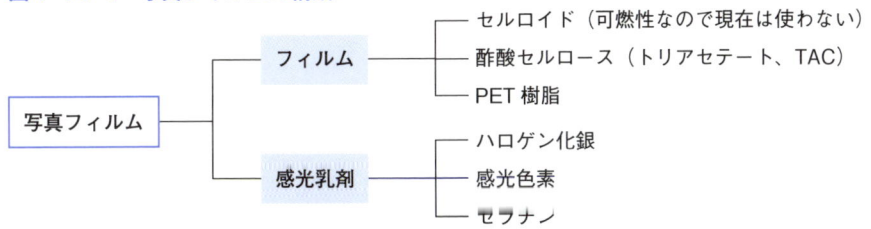

図 7-11-2　写真フィルムの種類

```
写真フィルム ─┬─ 一般用白黒フィルム、カラーフィルム
              ├─ 映画用フィルム
              ├─ X線フィルム
              └─ その他（製版用フィルム、マイクロフィルム）
```

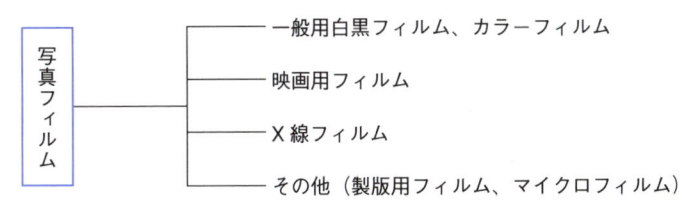

図 7-11-3　写真ができるまで

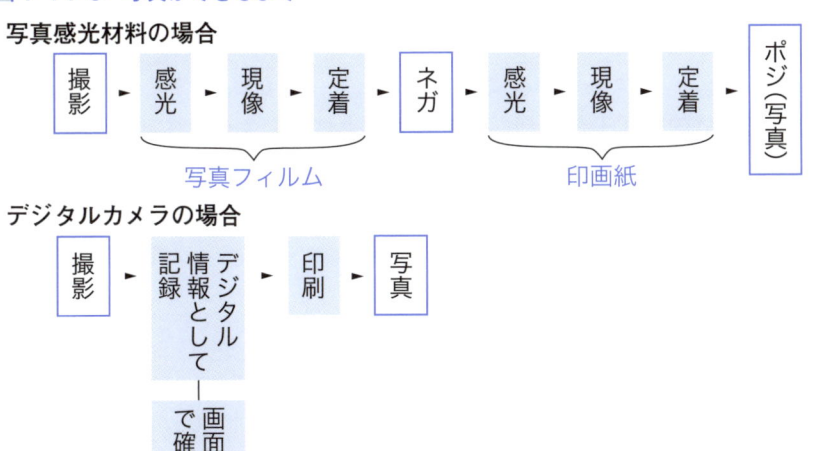

写真感光材料の場合

撮影 → [感光 → 現像 → 定着]（写真フィルム）→ ネガ → [感光 → 現像 → 定着]（印画紙）→ ポジ（写真）

デジタルカメラの場合

撮影 → 記録（デジタル情報として｜画面上で確認）→ 印刷 → 写真

7-12 爆薬

●燃焼と爆発

　燃焼のうち、燃焼面の進行速度が速いものを爆発といい、特に音速を超える場合を爆轟といいます。爆轟は衝撃波を伴うことになります。水素や都市ガスをバーナーから出しながら燃やしている場合には、ガスと空気中の酸素の混合に時間がかかるので、燃焼面の進行が抑えられ安定した炎となって燃え続けます。ところがあらかじめガスと酸素を混合してから火をつけると、燃焼面の進行速度が速くなり音速を超えるので爆発します。爆発は、ガスばかりでなく、液体の蒸気、固体の粉体でも起こるので非常に危険です。

　爆薬は爆発力を上手に活用した化学製品です。爆薬は酸化剤と可燃物を組み合わせ、あらかじめよく混合してつくります。爆薬を構成するC、H、Nを炭酸ガス、水、窒素ガスにするだけの酸素があらかじめ爆薬に含まれているかどうか（酸素バランス）は、爆薬の重要な指標です（表7-12-1）。

●火薬類取締法

　火薬類は火薬類取締法で製造、販売、貯蔵、消費のすべてにわたって厳しく規制されています。この法律では、推進力を得るためのものを火薬（ロケット推進薬など）、破壊力を得るためのものを爆薬（産業用爆薬、武器用爆薬など）、ある目的で加工されたものを火工品と区別しています。火工品には、雷管、導火線、実包、花火があります。雷管は、火薬・爆薬に点火し、衝撃を与えて確実に爆発させるものです。爆発力は小さくても非常に爆発しやすい起爆薬が使われます。火薬・爆薬と雷管を別にすることで爆発性物質を安全に扱えるようになりました（図7-12-1）。

●産業用爆薬

　ダイナマイトはニトログリセリンを木粉などと混合し成形したものです。その他に硝酸アンモニウムを主成分とする硝安爆薬、過塩素酸塩を主成分と

するカーリット、硝安に軽油を混合した硝安油剤（ANFO）、硝酸塩などに水を含ませた含水爆薬（スラリー爆薬、エマルション爆薬）などがあります。現在日本ではほとんど ANFO が使われ、次に含水爆薬が使われています。

また、自動車衝突時に運転者や同乗者を守るためにエアバッグが付けられていますが、このエアバッグを瞬時に膨張させるために火薬類が使われています。

表 7-12-1　爆薬の構成

	黒色火薬	ANFO	ダイナマイト
酸化剤	硝石	硝安	ニトログリセリン硝酸カリウム
可燃物	硫黄、炭素	軽油	木粉、でんぷん

図 7-12-1　爆薬を爆発させる仕組み

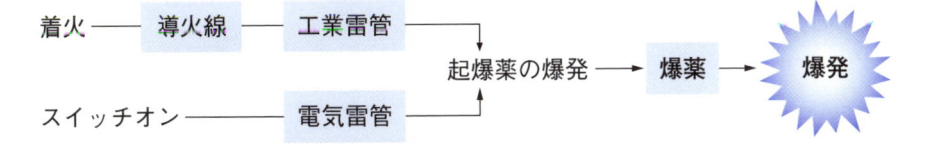

着火 ── 導火線 ── 工業雷管 ─┐
　　　　　　　　　　　　　　├→ 起爆薬の爆発 → 爆薬 → 爆発
スイッチオン ── 電気雷管 ──┘

　　導火線　：黒色火薬を綿糸や紙テープで巻き、防水塗装したもので
　　　　　　　着火しても爆発せず燃焼する
　　起爆薬　：わずかな外力や加熱で爆発する。
　　　　　　　アジ化鉛や DDNP（ジアゾジニトロフェノール）
　　電気雷管：工業雷管に電気発火装置を付けたもの

7-13 触媒

●化学反応と触媒

　触媒は化学反応を促進させるもので、化学産業では多くの反応工程で独自の触媒が使われています。触媒は化学会社自身でつくっている場合と市販されているものを購入する場合があります。しかし触媒の市場で大きな割合を占めるのは、化学産業用ではなく、金額面では自動車に使われる環境保全用、量的な面では石油産業で使われる石油精製用触媒です。

　なお、多くの触媒は、触媒の有効成分である金属塩や金属酸化物などをそのまま使うのではなく、活性炭、シリカ、アルミナ、ケイソウ土など表面積の大きな粉体に吸着（担持）させ、成形した固体触媒として使います（図7-13-1）。反応生成物と触媒の分離が容易で連続反応が行いやすいためです。

●化学産業用触媒

　第2章、第3章で述べた基礎化学品、有機薬品をつくるために、非常に多種類の触媒が使われます。アンモニア合成の鉄、硫酸合成のバナジウム、水素を付け加えたり、抜いたりする反応に使われるニッケル、パラジウム、酸化反応に使われる銀、バナジウムのように反応形式に応じて触媒となる元素がほぼ決まっていますが、これに付け加える助触媒によって触媒性能をさらにブラッシュアップします。

●重合用触媒

　第3章で述べた高分子をつくる重合反応に使われる触媒です。ポリ塩化ビニル、スチレンブタジエンゴム、低密度ポリエチレンなどをつくるラジカル重合に使われる重合開始剤としては、酸素、過酸化ベンゾイルBPO、AIBN、過硫酸塩などが使われます。加熱すると分解してラジカルを発生し、重合を開始します。重合開始剤の一部は高分子内に取り込まれます。

　高密度ポリエチレンやポリプロピレンなどをつくるアニオン重合にはアニ

オン重合触媒が使われます。金属アルカリ、アルキルリチウムなどです。立体規則性重合を行わせるためには、配位アニオン重合触媒（アルキルアルミニウムと三塩化チタンや四塩化チタン、メタロセン化合物など）が使われます。昔は反応後に溶剤で触媒を高分子から除去（脱灰）していましたが、触媒性能が非常に上がった現在では、ほとんど脱灰しません。

●石油精製用触媒

石油は取扱量が大きいので触媒使用量も大きくなります。重質油を分解して軽質油をつくる接触分解の触媒にはシリカ・アルミナやゼオライト、軽質油のオクタン価を向上させる接触改質にはアルミナ担持の白金、重油から硫黄分を除く重油脱硫にはアルミナ担持のコバルトやモリブデンが使われます。

●自動車排ガス浄化用触媒

排ガス中の一酸化炭素、炭化水素の酸化と窒素酸化物の還元を同時に行うために三元触媒（白金、パラジウム、ロジウム）が使われます。また排ガスの流れを妨げず、振動によって触媒が壊れないようにハニカム型担体が使われています。

図7-13-1　固体触媒の使い方

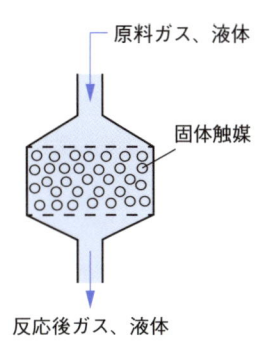

固定層反応装置
もっとも一般的な固体触媒の使い方で、固体触媒を充填した層を、ガスや液体が通過して反応が進行する。

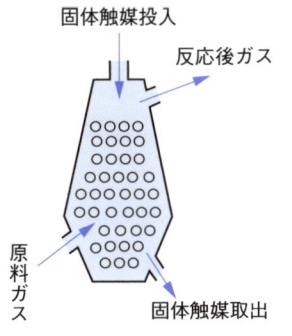

移動層反応装置
固体触媒の性能がすぐに落ちやすい場合に、固体触媒を取り出して再生させ、再投入するのに適した反応装置。

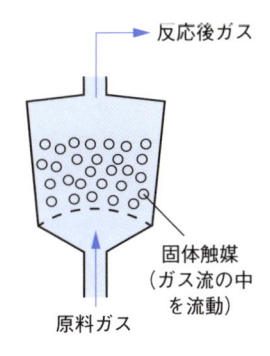

流動層反応装置
通過ガス量が大きいので、発熱量が非常に大きな酸化反応に適した反応装置。

7-14 水処理薬品

●水処理

水処理には、上水、ボイラー水、純水の製造、冷却水の管理、排水処理があります。沈降処理、砂ろ過のような物理的処理、イオン交換樹脂、キレート樹脂、ゼオライト、限外ろ過膜、逆浸透膜などの化学製品を使った処理のほか、水処理薬品を使った化学的処理があります（表7-14-1、表7-14-2）。

●上水

硫酸アルミニウムやポリ塩化アルミニウムなどの無機凝集剤（2-10節参照）、殺菌剤として塩素、次亜塩素酸ソーダ（2-7節参照）やオゾンが使われます。

●ボイラー用水

水を蒸発させて蒸気をつくるボイラーには、パイプに沈積するカルシウムイオンを除くほか、パイプを腐食する酸素を除いた水が必要です。前者には、イオン交換樹脂のほか清缶剤が、後者には脱酸素剤が使われます。

●冷却水

ビルの冷房用、工場の除熱・冷却に大量に循環使用される冷却水は、冷却塔へのスケール・スライム（藻や細菌の集合体）付着や腐食防止、細菌飛散防止のために水の管理が重要です。防食剤、分散剤、殺藻剤が使われます。冷却塔（クーリングタワー）に付着したスライム除去にはスライム除去剤が使われます。家庭用洗濯機ドラムの裏に付着するスライム除去と同じです。

●排水

排水はPH調整、凝集沈殿、活性汚泥などの工程で処理され、水質汚濁防止法や下水道法の規制をクリアするまで処理する必要があります。PH調整には酸、アルカリが使われ、凝集沈殿には無機凝集剤のほかポリアクリルア

ミドなどの高分子凝集剤が使われます。活性汚泥を正常に保つために、栄養剤（一種の化学肥料）、消泡剤（シリコーン系などの界面活性剤）などが使われます。

表7-14-1　様々な水と処理方法

	用途	処理方法
超純水	注射薬、半導体製造 原子炉冷却	逆浸透膜
純水	医薬品製造、化学分析	限外ろ過膜
ボイラー用水	蒸気製造 復水循環利用	イオン交換樹脂、清缶剤、脱酸素剤
上水	飲料	沈降分離、ろ過、凝集剤、殺菌剤
工業用水	工業用	沈降分離、ろ過、凝集剤、殺菌剤
冷却水	一部蒸発、循環利用	防食剤、分散剤、スライム防止剤
汚水	排水（排水基準適合）	PH調整、沈降分離、活性汚泥

表7-14-2　主要な水処理薬品

	水処理剤	化学薬品
ボイラー用水	清缶剤	アルカリ、リン酸塩
	脱酸素剤	ヒドラジン、亜硫酸塩、ジエチルヒドロキシルアミン
	復水処理剤	脂肪酸アミン塩
冷却水	防食剤	トリルトリアゾール
	分散剤	アミノトリメチレンホスホン酸
	スライム防止剤	殺藻剤
	スライム洗浄剤	過酸化水素、次亜塩素酸ソーダ
排水処理	高分子凝集剤	ポリアクリルアミド
	無機凝集剤	塩化アルミニウム、硝酸アルミニウム、塩化第二鉄
	凝集助剤	水ガラス、アルギン酸ナトリウム
	消泡剤	シリコーン系、高級アルコール系
	重金属捕集剤	硫化鉄

7-15 紙薬品

●パルプ製造

　紙をつくるには大量の化学薬品が必要です。木材からリグニンを除いてセルロース成分のパルプを得るために、苛性ソーダ、塩素（2-7節参照）、亜硫酸ソーダ、過酸化水素（2-10節参照）が使われます（図7-15-1、表7-15-1）。

●製紙

　製紙は、水に分散させたパルプを金網上に抄紙した後乾燥させて紙にする工程です。抄紙の際に、パルプや次に述べる填料を歩留まりよく紙にするために、歩留向上剤が使われます。ポリアクリルアミドやデンプンなどの高分子化学品です。一方、抄紙後の水切りをよくするために、濾水剤としてポリアクリルアミドやポリエチレンイミンのような高分子化学品が使われます。

●紙質向上

　紙の耐水性、表面滑性、印刷性を向上するためにサイズ剤が使われます。パルプに混合して使う内添サイズ剤と紙の表面に塗布する表面サイズ剤（高分子化学品）があります。また紙の繊維同士の結合を強くする紙力増強剤として、様々に化学修飾されたポリアクリルアミドが使われます。紙の白色度を高め、印刷の裏ぬけを防止するため、填料として炭酸カルシウム、カオリン、タルク、ホワイトカーボン（2-10節参照）が使われます。

　光沢がよい塗工紙（アート紙やコート紙）は、抄紙後、ゴムや樹脂エマルションに填料を混合した塗料を塗ります。

●古紙の再利用

　古紙の再利用には、まず印刷インキを除去する必要があります。これには非イオン界面活性剤の脱墨剤が使われます。その後、苛性ソーダや漂白剤を使って古紙パルプがつくられます。古紙パルプだけでは強度の高い紙ができ

ないので、多くの場合新品のパルプを混合します。

図 7-15-1　紙の製造工程

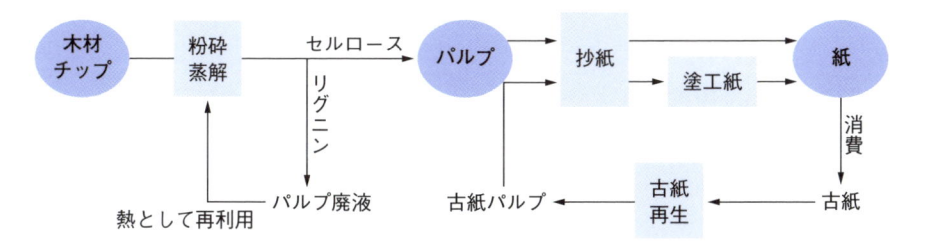

木材チップ → 粉砕蒸解 →（セルロース）→ パルプ → 抄紙 → 塗工紙 → 紙 → 消費 → 古紙 → 古紙再生 → 古紙パルプ → パルプ

粉砕蒸解 →（リグニン）→ パルプ廃液 → 熱として再利用

表 7-15-1　主要な紙薬品

	紙薬品	化学薬品
パルプ製造	化学パルプ用	亜硫酸ソーダ、炭酸ソーダ
	亜硫酸パルプ用	亜硫酸塩
	クラフトパルプ用	苛性ソーダ、硫化ソーダ
	漂白剤	塩素、二酸化塩素、過酸化水素
抄紙	濾水剤	ポリアクリルアミド、ポリエチレンイミン
	歩留向上剤	ポリアクリルアミド、デンプン
	内添サイズ剤	ロジン（松脂）、アルキルケテンダイマー（AKD）、アルケニル無水コハク酸（ASA）
	表面サイズ剤	スチレン系、アクリル系、オレフィン系高分子
	紙力増強剤	ポリアクリルアミド共重合高分子
	填料（フィラー）	炭酸カルシウム、カオリン、タルク、ホワイトカーボン、カチオン変性ユリア樹脂
塗工		ゴムエマルション、樹脂エマルション
古紙再生		脱墨剤（ポリオキシエチレンアルキルエーテルなどの非イオン界面活性剤）、苛性ソーダ、次亜塩素酸ソーダ

7-16 コンクリート用薬品

●セメント混和剤

　コンクリートはセメントと砂、砂利を混合したもので、化学薬品を加えているとは思えませんが、無機薬品だけでなく、意外にも多くの有機薬品も使われています。

●分散剤、減水剤

　セメントは水を加えて激しく撹拌しても凝集してきれいに混ざりにくく、さらに水を加えると硬化後の強度が低下します。少量の水でもセメントをよく混合するために、分散剤が使われます。セメント重量の1％程度の添加でも加える水の量を10〜20％少なくできるので、減水剤とも呼ばれます。アニオン界面活性剤や非イオン界面活性剤が使われます。コンクリート中に微細な空気の泡を連れ込み、水-セメント系の流動性をよくして成形性（押出速度、表面平滑性など）を改善する効果もあるので、AE剤とも呼ばれます（図7-16-1）。

図7-16-1　分散剤の原理

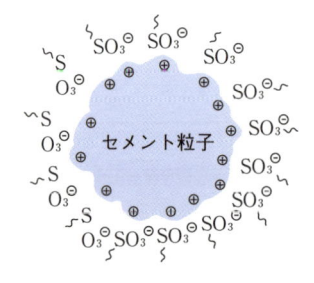

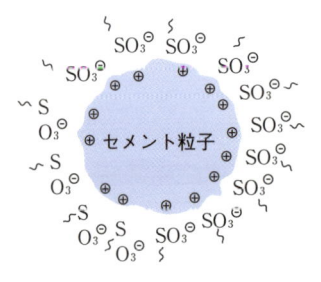

水に溶けた分散剤が、凝集しやすいセメント粒子（プラスに荷電）に吸着して凝集できなくするので、少量の水で水-セメントを混合します。

●硬化調整剤

　セメントの硬化は、セメントに含まれているケイ酸カルシウムやアルミン酸カルシウムの複雑な水和反応によって、セメント粒子を凝結させるために起こります。セメントの硬化反応は固結後も、長期間にわたって進行します。

　生コン輸送中にコンクリートが硬化しないように、硬化遅延剤が使われます。一方、硬化する前のコンクリート中の水が寒冷時に凍結するとコンクリートの強度が低下してしまいます。急いで硬化させるためには硬化促進剤が使われます。かつては塩化カルシウムが使われましたが、塩素分が錆びの原因となるため、最近は硝酸塩、亜硝酸塩などが使われます。

●コンクリート製品の品質改善

　コンクリートの成形時に気泡を発生させると軽量気泡コンクリート製品ができます。断熱性がよく住宅用に使われます。またコンクリート強度を向上させるために耐アルカリ性ガラス繊維、合成繊維などの繊維補強材を加えます。コンクリートの防水性、防食性向上のためにはゴムエマルションや樹脂エマルションからなるポリマー混和剤が使われます（表7-16-1）。

表7-16-1　主要なコンクリート薬品

コンクリート薬品	化学薬品
分散剤 減水剤 AE剤	ナフタレンスルホン酸塩、アルキルベンゼンスルホン酸塩などのアニオン界面活性剤、ポリオキシエチレンアルキルエーテルなどの非イオン界面活性剤
急結急硬剤	ケイ酸塩、カルシウムアルミネート
硬化促進剤	塩化カルシウム、硝酸塩、亜硝酸塩、チオシアン酸塩
硬化遅延剤	ケイフッ化物、リン酸塩
増粘剤	セルロース誘導体、ポリアクリルアミド、ポリビニルアルコール
防錆剤	亜硝酸塩、リン酸塩、メルカプタン類
気泡剤	アルミニウム粉末、ポリエーテル類
補強材	耐アルカリ性ガラス繊維、合成繊維
ポリマー混和剤	ゴムラテックス、合成樹脂エマルション

7-17 電子情報材料

● 1980年代から脚光を浴びた化学製品

　電子情報材料は新しい化学製品です。電気製品には絶縁材料として高分子材料が古くから使われてきました。しかし1970年代にLSIが製造されるようになると、新しい電子情報機器の部品・材料として化学製品を積極的に利用しようとする研究が盛んになりました。その結果、1980年代ころから続々と製品が生まれるようになりました（表7-17-1）。

表7-17-1　電子情報材料開発の流れ

開発ピーク年代	分野
1970～80年代	半導体用材料
1970～90年代	記録材料
1980～2000年代	表示材料
1990年代～	電池材料→エネルギー材料
1990年代～	新光源材料

●半導体用材料

　半導体の中心となる材料は、基板となる高純度シリコンです。通常の化学品や金属の精製に使われる方法では純度が不十分なため、製造にはゾーンメルト法が使われます。シリコンだけでなく、有機EL材料にも、このような精製法が適用されます。半導体材料としては、シリコンだけでなく、ガリウム砒素、インジウムリン、窒化ガリウム、酸化亜鉛、セレン化亜鉛など様々な化合物半導体があり、すでに発光ダイオードLEDに利用され、さらに太陽電池への応用が期待されています。

半導体集積回路 IC、LSI は、半導体基板上に回路を形成してつくった電子部品です。この製造には感光性高分子からなるフォトレジスト、基板表面をエッチングしたり、異なる元素を微量に加えて半導体をつくったりするための半導体材料ガス（2-9 節参照）、不要なフォトレジストを除去する酸化剤（硫酸 - 過酸化水素）など様々な高純度化学製品が使われます（表 7-12-2）。

表 7-17-2　主要な半導体材料

分野	化学品
半導体基板	高純度シリコン、化合物半導体
LSI 加工	フォトレジスト（感光性高分子） 半導体材料ガス（表 2-9-1 参照） 酸化剤、酸化防止剤
封止剤	エポキシ樹脂
実装基板	ガラス−エポキシ積層板 ポリイミドフィルム

●記録材料、記録メディア

最近は見かけなくなりましたが、レコードや音楽用、ビデオ用の磁気テープは、紙では行えなかった音楽や映像を最初に記録した材料でした。フェノール樹脂、ポリ塩化ビニル、PET フィルム、酸化鉄（フェライト）や磁性鉄粉が使われました。CD、DVD はポリカーボネート（4-10 節参照）が使われており、CD-R、DVD-R には機能性色素（7-9 節参照）が重要な役割を果たしています。音楽、映像だけでなく、大容量の情報記録材料としても使われています。

●液晶表示材料

液晶は、液体でありながら結晶構造を持つという液体と固体の中間状態です。偏光を回転させるなどの光学的な性質が利用されて液晶表示材料として、現在ではテレビ、パソコン、携帯電話の画面（ディスプレー）に広く使われています。液晶は複雑な分子構造の化学品ですが、主に 1-4 節で述べた中ブ

ロックの大きさです。

　液晶ディスプレーに使われる表示材料は液晶だけではありません。光を液晶画面の後ろに導く導光板に加えて、偏光をつくり出し、また回転した偏光を通すか通さないかを決める偏光フィルタ、3原色を生み出すカラーフィルタ、位相差フィルム、視野角拡大フィルム、保護フィルムなど様々な機能フィルム（5-2節参照）が使われています（図7-17-1）。

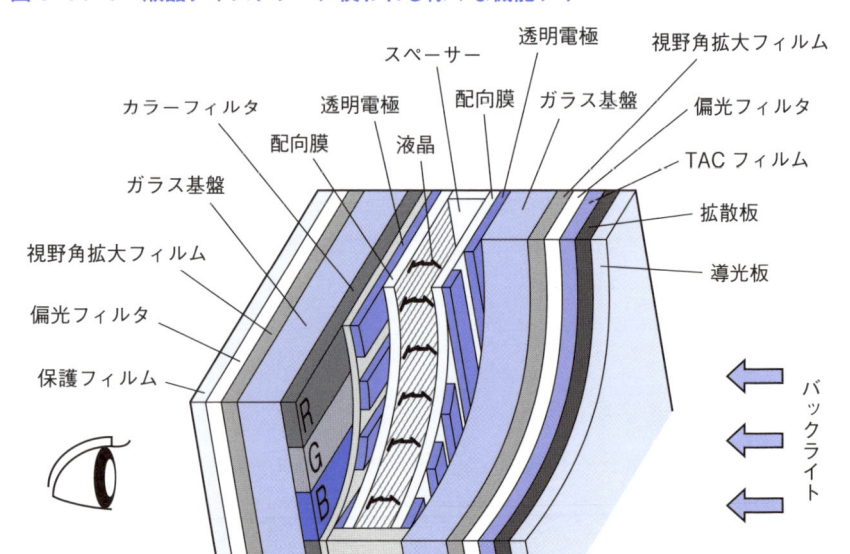

図7-17-1　液晶ディスプレーに使われる様々な機能フィルム

（図：液晶ディスプレーの構造図。左側から観察者の目に向かって、保護フィルム、偏光フィルタ、視野角拡大フィルム、ガラス基盤、カラーフィルタ、配向膜、透明電極、スペーサー、液晶、配向膜、透明電極、ガラス基盤、視野角拡大フィルム、偏光フィルタ、TACフィルム、拡散板、導光板、バックライトの順に配置されている）

●電池材料

　東日本大震災以後、太陽電池や家庭用蓄電池など電池への関心が非常に高まっています。太陽電池はシリコンを使ったものが現在主流ですが、その他、化合物半導体を使ったもの、有機化合物を使ったものなど様々なものが研究されています。また形も厚い板状のみならず、透明なフィルム状のものまで開発されています。

　電池はマンガン電池と鉛蓄電池の時代が長く続きましたが、最近は携帯電子機器が小型化するとともに、小型で大容量の一次電池や二次電池（蓄電池）

が求められるようになりました。小型のボタン型電池の多くは一次電池です。リチウム電池、酸化銀電池、空気亜鉛電池などがあります。ボタン型よりやや大きな蓄電池としてニッケル水素電池、リチウムイオン二次電池が最近はよく使われています。携帯機器のような小型用途だけでなく、ハイブリッドカーや電気自動車向け、さらに家庭用蓄電池向けに二次電池の需要が急増することが期待されています（表7-17-3）。

表 7-17-3　主要な電池とその材料

電池の種類		正極	負極	電解質・電解液
一次電池	マンガン電池	二酸化マンガン	亜鉛	塩化亜鉛水溶液
	アルカリ電池	二酸化マンガン	亜鉛	塩化亜鉛、水酸化カリ水溶液
	リチウム電池	フッ化黒鉛	リチウム	リチウム塩、プロピレンカーボネート液
	酸化銀電池	酸化銀	亜鉛	水酸化カリウム水溶液
二次電池	鉛蓄電池	二酸化鉛	鉛	希硫酸水溶液
	ニッケル水素電池	水酸化ニッケル	水素（吸蔵合金）	水酸化カリ水溶液
	リチウムイオン2次電池	コバルト酸リチウム	炭素	ヘキサフルオロリン酸カリウム エチレンカーボネート液

● 発光、光源材料

　窒化ガリウム系青色発光ダイオード（青色 LED）は1990年頃に日本で開発されました。すでに赤色、緑色が実用化されていたので三原色がそろいました。2010年頃からは白色 LED を使った電球の普及が急速に進み、発光材料の市場が一気に拡大しました。

　LED に続いて、有機 EL（エレクトロルミネッセンス）の実用化も近づいてきました。有機金属錯体を使う低分子型と共役系高分子を使う高分子型が開発競争をしています。LED が点光源であるのに対して有機 EL は面発光なので照明だけでなく画像表示への展開も期待されています。

用語索引

英数字

1軸延伸フィルム	108
2次加工	106
2軸延伸フィルム	108
ABS樹脂	80
AE剤	174
AS樹脂	80
C1化学	34
DMF	53
DMSO	53
EPS	118
FRP（繊維強化プラスチック）	62, 122
H2拮抗薬	136
HI樹脂	80
LPG	44
OTC	130
PBT樹脂	84
PET樹脂	84
PS版	163
Tダイ法	108

ア行

アグリビジネス	146
アクリル樹脂	90
アクリル樹脂系塗料	157
アクリロニトリル（AN）	55
アクリロニトリルブタジエンゴム（NBR）	98
アスピリン	132
アセチレン	28, 44
アセトアルデヒド	50
アゾ染料	160
圧縮成形（法）	105, 120
アニオン界面活性剤	58
アミノ酸系調味料	154
アルキド樹脂	85
アルキド樹脂系塗料	157
アルキル基	21
アルゴン	44
アンチブロッキング性	63
安定剤	64
アントラキノン染料	160
アンモニア	42
異性体	15
イソプレン	30
一酸化炭素	34
医薬部外品	128
色素材料	160
インクジェットプリンタ用インキ	163
印刷インキ	162
インスリン	139
インフレーション法	108, 118
ウレタンフォーム	86
エーテル化合物	34
エチレン	28
エチレンオキサイド（EO）	55
エチレングリコール（EG）	55
エチレンプロピレンゴム（EPR、EPDM）	98
エポキシ樹脂	88
エポキシ樹脂系塗料	157
エボナイト	96
エラストマー	75
塩化ビニル（MVCまたはVCM）	54
塩酸	38
延伸吹込成形法	116
塩素	40
オーファンドラッグ	130
押出成形	105
オレフィン	20

カ行

カーカス	124
カーボンブラック	46, 68
カーリット	167
界面活性剤	58
化学療法剤	134
核酸系調味料	154
過酸化水素	47
苛性ソーダ	40
可塑剤	66
カチオン界面活性剤	58, 152

滑剤	63
活性炭	46
カプロラクタム	55
ガラス転移点	66
カレンダー加工	105
感圧型接着剤	159
缶加硫	120
乾式紡糸	112
含水爆薬	167
官能基	18
甘味料	154
キシレン（X）	33
キラル	148
クリアー	156
ケイ酸ソーダ	152
ケイ素樹脂	94
原薬（原体）	130, 144
高級アルコール	36
高級脂肪酸	30
抗菌剤	65
合成繊維短繊維	113
合成繊維長繊維	112
抗生物質	134
後発品	130
高密度ポリエチレン（HDPE）	76
コーティング成形法	119
固体触媒	168
コポリマー	74
ゴム弾性	75
ゴムの型加硫	120

サ行

酢酸	50
酢酸エチル	53
サルファ剤	134
酸化チタン	46
酸化防止剤	64
産業用ガス	44
酸素	44
ジアゾニウム化合物	32
シーリング材	158
ジェネリック医薬品	130
ジエン系ゴム	96
紫外線吸収剤	64
シクロペンタジエン	31
湿式紡糸	112
射出成形（インジェクション）	104, 114
射出吹込成形（インジェクションブロー）	116
充填材	62
樹脂添加剤	62
硝安爆薬	166
硝安油剤（ANFO）	167
常温乾燥型（塗料）	156
硝酸	39
生薬	132
食塩水電気分解	40
真空成形	110
水系（塗料）	156
水性型接着剤	159
スーパーエンジニアリングプラスチック	92
スコーチ防止剤	68
スチレン（StまたはSM）	54
スチレンブタジエンゴム（SBR）	98
スパンデックス	86
スプレーアップ	122
製剤	130, 144, 160
積層成形（品）	106, 122
石油	22
石油添加物	142
石けん	152
セルラーゼ	152

タ行

帯電防止剤	65
建染染料	160
炭酸ガス	44
炭酸ソーダ	152
炭素原料	22, 25
窒素	44
窒素肥料	42, 146
注型	106
中空成形（吹込成形、ブロー）	105, 116
直鎖状低密度ポリエチレン（LLDPE）	77
直接染料	160
ディップ成形法	119
低密度ポリエチレン（LDPE）	76
テレフタル酸（PTA）	55
電気被覆	110
天然ガス	24
天然ゴム（NR）	98
トランスファー成形法	120
トルエン（T）	32, 53

ナ行

ナフサ	22
難燃剤	65
熱可塑性高分子	74
熱可塑性エストラマー	97
熱硬化性高分子	74

ハ行

バイオ医薬品	138
発酵化学製品	25, 36
半導体材料	176
半導体材料ガス	45
ハンドレイアップ	122
反応型接着剤	159
汎用エンジニアリングプラスチック	92
汎用樹脂	92
非イオン界面活性剤	58
非ジエン系ゴム	96
ビタミン剤	133
ビヒクル（ワニス）	162
肥料3要素	146
ビルダー	152
フェノール	56
不斉合成	149
不斉炭素	148
不斉分割	149
ブタジエン	30
ブタジエンゴム（BR）	98
フタル酸エステル系可塑剤	66
ブチレン（ブテン）	30
フッ素樹脂	94
不飽和炭化水素	20
不飽和ポリエステル	85, 122
ブロック共重合	78, 97
プロテアーゼ	152
プロピレン	28
分散剤（減水剤）	174
分散染料	160
ペイント	156
ペースト製品	119
ベータブロッカー（β遮断薬）	136
ヘキサン	52
ベンゼン（B）	32
芳香族化合物	32
紡糸（スピニング）	112
補強材	62, 68
ホットメルト型接着剤	159
ホモポリマー	74
ポリウレタン	86
ポリウレタン系塗料	157
ポリ塩化ビニル（PVC）	82
ポリオール	86
ポリカーボネート（PC）	84
ポリスチレン（PS）	80
ポリプロピレン（PP）	78
ポリマー	54, 72
ポリマーアロイ	75
ホルマリン系接着剤	158
ホルムアルデヒド	50

マ行

マスターバッチ	63
マトリックス（マトリックス樹脂）	122
無溶剤系（塗）	156
メタノール（メチルアルコール）	34
モノマー	54

ヤ行

有機塩素系溶剤	152
有機顔料	161
有機発泡剤	63
有機溶剤	52
溶剤型接着剤	159
溶剤系（塗）	156
溶融紡糸	112

ラ行

ラジカル	64
硫酸	38
両性界面活性剤	58
リン酸肥料	146
連続加硫	121

ワ行

ワニス	156

■この書籍を執筆するにあたり参考にした書籍と、その他の役立つ書籍を紹介します。

『化学業界の動向とカラクリがよ～くわかる本(第2版)』 田島慶三　秀和システム
『ケミカルビジネス・エキスパート養成講座』 田島慶三　化学工業日報社
『決定版 感動する化学』　日本化学会編　東京書籍
『化学で何ができるのか』 有機合成化学協会編　化学工業日報社
『化学のはたらきシリーズ』 日本化学会編　東京書籍
　1巻、2巻　家電製品がわかる　3巻　自動車がわかる　4巻　衣料と繊維がわかる
『身の回りを化学の目で見れば』 加藤俊二　化学同人
『2011年版　15911の化学商品』 化学工業日報社
『工業有機化学(第5版)』Weissermel 、Arpe　東京化学同人
『石油化学ガイドブック(改訂3版)』 石油化学工業協会
『わかりやすい界面活性剤』 日本産業洗浄協議会　工業調査会
『プラスチック読本（第20版）』大阪市立工業研究所プラスチック読本編集委員会・プラスチック技術協会共編　プラスチックス・エージ
『プラスチックがわかる本』 杉木賢司　日本実業出版社
『これでわかるプラスチック技術』 高野菊雄　技術評論社
『図解入門 よくわかる 最新ゴムの基本と仕組み』 伊藤眞義　秀和システム
『ゴム技術入門』　日本ゴム協会編　丸善出版
『図解　金型がわかる本』 中川威雄　日本実業出版
『絵とき「射出成形」基礎のきそ』 横田明　日刊工業新聞社
『押出成形技術入門』 沢田慶司　シグマ出版
『図解　繊維がわかる本』 平井東幸　日本実業出版社
『よくわかる化学せんい』 日本化学繊維協会HP
『分子レベルで見た薬の働き』 平山令明　講談社ブルーバックス
『新・薬に賢くなる本』 水島裕　講談社ブルーバックス
『ここまで進んだ次世代医薬品』 中西寛定　技術評論社
『農薬の科学』 桑野栄一他　朝倉書店
『農薬の科学最前線』 日本農薬学会　ソフトサイエンス社
『においの化学』　長谷川香料編　裳華房ポピュラーサイエンス
『石けん・洗剤Q&A(改訂版)』 日本石鹸洗剤工業会
『洗たくの科学』 日本石鹸洗剤工業会
『図解入門 よくわかる 最新食品添加物の基本と仕組み』 松浦寿喜　秀和システム
『塗料と塗装　基礎知識(改訂第3版)』 日本塗料工業会
『接着剤読本(第11版)』 日本接着剤工業会
『接着剤と接着技術入門』 Pocius　日刊工業新聞社
『機能性色素のはなし』 中澄博行　裳華房ポピュラーサイエンス
『触媒の話(改訂2版)』 日本触媒工業会
『あなたと私の触媒学』 田中一範　裳華房ポピュラーサイエンス
『図解入門 よくわかる 最新水処理技術の基本と仕組み』和田洋六　秀和システム
『図解入門よくわかる 最新電子材料の基本と仕組み』武野泰彦、佐藤淳一　秀和システム
『図解わかる電子材料』 上西勝三　工業調査会

■著者紹介

田島　慶三（たじま　けいぞう）
日本化学会フェロー
1974年東京大学大学院工学研究科合成化学専攻コース修士課程修了。通産省、化学会社勤務を経て2008年定年退職。最近の著書に『化学業界の動向とカラクリがよ～くわかる本』2011年11月改訂版／秀和システム、『ケミカルビジネス・エキスパート養成講座』（2010年4月／化学工業日報社）、また編書に『決定版　感動する化学』（2010年3月／東京書籍）などがある。

- 装丁　　　　　中村友和（ROVARIS）
- 作図&イラスト　鶴崎いづみ
- 編集　　　　　ジーグレイプ株式会社
- DTP　　　　　桜井大吾（オフィス・ギャザー）
- 写真提供　　　株式会社コバヤシ

しくみ図解シリーズ
化学製品が一番わかる

2012年2月10日　初版　第1刷発行
2022年4月30日　初版　第5刷発行

著　者　田島慶三
発行者　片岡　巌
発行所　株式会社技術評論社
　　　　東京都新宿区市谷左内21-13
　　　　電話　03-3513-6150　販売促進部
　　　　　　　03-3267-2270　書籍編集部
印刷／製本　株式会社加藤文明社

定価はカバーに表示してあります

本書の一部または全部を著作権法の定める範囲を超え、無断で複写、複製、転載、テープ化、ファイル化することを禁じます。

©2012　田島慶三

造本には細心の注意を払っておりますが、万一、乱丁（ページの乱れ）や落丁（ページの抜け）がございましたら、小社販売促進部までお送りください。　送料小社負担にてお取り替えいたします。

ISBN978-4-7741-4963-9 C3043

Printed in Japan

本書の内容に関するご質問は、下記の宛先まで書面にてお送りください。お電話によるご質問および本書に記載されている内容以外のご質問には、一切お答えできません。あらかじめご了承ください。

〒162-0846
新宿区市谷左内町21-13
株式会社技術評論社　書籍編集部
「しくみ図解シリーズ」係
FAX：03-3267-2271